U0161659

"十四五"国家重点出版物出版规划项目

★ 转型时代的中国财经战略论丛 ◢

山东省社科规划项目研究成果（项目批准号:18BJJJ03）

5G背景下移动互联网对通信行业的影响研究

Research on Effect of Mobile Internet
on the Telecommunication Industry under 5G Background

连海霞　著

中国财经出版传媒集团

经济科学出版社
Economic Science Press

图书在版编目（CIP）数据

5G 背景下移动互联网对通信行业的影响研究/连海
霞著 . —北京：经济科学出版社，2021. 12
（转型时代的中国财经战略论丛）
ISBN 978 - 7 - 5218 - 3237 - 2

Ⅰ. ①5⋯　Ⅱ. ①连⋯　Ⅲ. ①第五代移动通信系统 -
影响 - 通信企业 - 研究 - 中国　Ⅳ. ①TN929. 53②F632. 4

中国版本图书馆 CIP 数据核字（2021）第 248299 号

责任编辑：于　源　姜思伊
责任校对：隗立娜　郑淑艳
责任印制：范　艳

5G 背景下移动互联网对通信行业的影响研究

连海霞　著

经济科学出版社出版、发行　新华书店经销
社址：北京市海淀区阜成路甲 28 号　邮编：100142
总编部电话：010 - 88191217　发行部电话：010 - 88191522
网址：www. esp. com. cn
电子邮箱：esp@ esp. com. cn
天猫网店：经济科学出版社旗舰店
网址：http：//jjkxcbs. tmall. com
北京季蜂印刷有限公司印装
710×1000　16 开　14 印张　230000 字
2021 年 12 月第 1 版　2021 年 12 月第 1 次印刷
ISBN 978 - 7 - 5218 - 3237 - 2　定价：58. 00 元
（图书出现印装问题，本社负责调换。电话：010 - 88191510）
（版权所有　侵权必究　打击盗版　举报热线：010 - 88191661
QQ：2242791300　营销中心电话：010 - 88191537
电子邮箱：dbts@ esp. com. cn）

总　序

　　《转型时代的中国财经战略论丛》是山东财经大学与经济科学出版社合作推出的"十三五"系列学术著作，现继续合作推出"十四五"系列学术专著，是"'十四五'国家重点出版物出版规划项目"。

　　山东财经大学自2016年开始资助该系列学术专著的出版，至今已有5年的时间。"十三五"期间共资助出版了99部学术著作。这些专著的选题绝大部分是经济学、管理学范畴内的，推动了我校应用经济学和理论经济学等经济学学科门类和工商管理、管理科学与工程、公共管理等管理学学科门类的发展，提升了我校经管学科的竞争力。同时，也有法学、艺术学、文学、教育学、理学等的选题，推动了我校科学研究事业进一步繁荣发展。

　　山东财经大学是财政部、教育部、山东省共建高校，2011年由原山东经济学院和原山东财政学院合并筹建，2012年正式揭牌成立。学校现有专任教师1688人，其中教授260人、副教授638人。专任教师中具有博士学位的962人。入选青年长江学者1人、国家"万人计划"等国家级人才11人、全国五一劳动奖章获得者1人，"泰山学者"工程等省级人才28人，入选教育部教学指导委员会委员8人、全国优秀教师16人、省级教学名师20人。学校围绕建设全国一流财经特色名校的战略目标，以稳规模、优结构、提质量、强特色为主线，不断深化改革创新，整体学科实力跻身全国财经高校前列，经管学科竞争力居省属高校领先地位。学校拥有一级学科博士点4个，一级学科硕士点11个，硕士专业学位类别20个，博士后科研流动站1个。在全国第四轮学科评估中，应用经济学、工商管理获B＋，管理科学与工程、公共管理获B－，B＋以上学科数位居省属高校前三甲，学科实力进入全国财经高校前十。工程学进入 ESI 学科排名前 1%。"十三五"期间，我校聚焦内涵式发展，全面实施了科研强校战略，取得了一定成绩。获批国家级课题项目 172 项，教育部及其他省部级课题项目 361 项，承担各级各类横向课题 282 项；教师共发表高水平学术论文 2800 余篇，出版著作 242 部。同时，新增了山东省重点实验室、省重点新型智库和研究基地等科研平台。学校的发展为教师从事科学研究提供了广阔的平台，创造了更加良好的学术生态。

"十四五"时期是我国由全面建成小康社会向基本实现社会主义现代化迈进的关键时期，也是我校进入合校以来第二个十年的跃升发展期。2022 年也将迎来建校 70 周年暨合并建校 10 周年。作为"十四五"国家重点出版物出版规划项目，《转型时代的中国财经战略论丛》将继续坚持以马克思列宁主义、毛泽东思想、邓小平理论、"三个代表"重要思想、科学发展观、习近平新时代中国特色社会主义思想为指导，结合《中共中央关于制定国民经济和社会发展第十四个五年规划和二〇三五年远景目标的建议》以及党的十九届六中全会精神，将国家"十四五"期间重大财经战略作为重点选题，积极开展基础研究和应用研究。

与"十三五"时期相比，"十四五"时期的《转型时代的中国财经战略论丛》将进一步体现鲜明的时代特征、问题导向和创新意识，着力推出反映我校学术前沿水平、体现相关领域高水准的创新性成果，更好地服务我校一流学科和高水平大学建设，展现我校财经特色名校工程建设成效。通过对广大教师进一步的出版资助，鼓励我校广大教师潜心治学，扎实研究，在基础研究上密切跟踪国内外学术发展和学科建设的前沿与动态，着力推进学科体系、学术体系和话语体系建设与创新；在应用研究上立足党和国家事业发展需要，聚焦经济社会发展中的全局性、战略性和前瞻性的重大理论与实践问题，力求提出一些具有现实性、针对性和较强参考价值的思路和对策。

山东财经大学校长

2021 年 11 月 30 日

前　言

20世纪90年代以来，中国电信业快速发展，在移动电话对固定电话逐步替代的进程下，截至2020年底，全国移动电话用户总数为15.94亿户，移动通信业务实现收入8891亿元。[①] 电信业由国民经济的"瓶颈产业"到与各部门共同协调发展，电信业的影响越来越突出，成为当前支撑国民经济运行的主力之一。同时，电信业又是垄断行业改革中改革力度最大的一个行业，从1994年中国联通成立，到2000年前后的纵向和横向切分，再到2008年的重组，电信业最终形成中国移动、中国联通和中国电信三家全业务运营商，2020年中国广电集团的挂牌再次打破国内通信市场三足鼎立的局面。但所有改革的进程都是政府一手包办，这与我国转轨经济的大环境是密不可分的。随着电子、通信、互联网技术的快速进步，国内电信业与广电、互联网等交叉行业之间的竞争越来越激烈，移动互联的趋势越来越强烈，同时在WTO规定下外资的进入也将成为国内电信业的强劲对手。2019年，中国电信业进入5G时代，5G背景下电信业面临更激烈的竞争。因此，对电信业在5G背景下的竞争政策进行研究具有一定理论价值和较强的现实意义，通过该研究期望进一步提高中国电信业竞争水平、行业运营效率以及行业监管部门的监管效率和监管水平。

本书既有对电信业发展现状的定性分析，也有以数据为基础借助计量工具的定量分析。运用实证分析方法评估中国电信业市场势力，对中国电信业市场结构有一个总体了解，为电信业竞争政策设计提供依据，在评估移动通信企业市场势力部分辅助了某些案例；并运用规范分析方

---

① 资料来源：2020年通信业统计公报。

法讨论了电信业作为网络型产业的接入定价问题；既有对电信业由总体到个体的演绎分析，也有5G背景下电信运营商发展的归纳分析；同时，本书还涉及电信业的监管法律和定价政策。因此，本书的使用对象可以是电信业相关科研人员，也可以是电信业从业者，同时也可以作为反垄断执法部门的参考用书。

目　录

2

第1章 绪 论

1.1 选题背景及其实践与学术价值

1.1.1 本书研究的实践价值

技术进步与行业的扩容使电信业发生了巨大变化，电信业的市场结构也从初期的独家垄断发展到多家运营商并存的寡头市场格局，而技术进步带来的产业融合使产业边界模糊，从而使得电信业所有制形式出现了向多元化发展的趋势。

近年来，中国电信业经过多次改革与重组，已经实现了一定程度的政企分离。从中国政企关系的历史来看，企业亏了找政府、资金不足找政府、企业生产计划由政府定、企业组织与人事由政府安排、政府控制企业多方面的价格。中国的企业制改革至今已有 30 余年，很多行业尤其自然垄断性行业没有实现真正的政企分离。现实来看，拥有对行业规制的法律权利所有者同时又是行业主管，因此被管制者和管制者之间在利益上有着同盟关系，这是当前管制制度的突出特点。要进行行业改革，管制体制改革必须先行。当前电信业反垄断重点仍然是反经济性垄断，在企业履行社会责任的前提下，监管部门要继续给予企业更多的自主权。面临 5G 竞争环境，电信运营商之间会在很多领域展开合作，因此，反垄断要权衡运营商合作所带来的正负效应。

随着技术的快速进步，电信、互联网和广电网融合的趋势加快，网络的无缝覆盖和业务渗透与交叉，电信、广电网以及互联网三家之间的关系也随着三网融合的发展发生了巨大变化，由原来各自在本领域经营变为纯粹的竞争关系，三者都铆足了力量在从网络到内容的各方面开展竞争。当前的三大网络都可以提供包括语音、视频等各种多媒体在内的综合通信业务。三网融合的进行使得电信业在原有语音通话业务基础上开始越来越多地向用户提供数据流量等增值电信服务、宽带技术以及无线网络的快速发展与普及推动手机等移动互联网业务快速发展。现代电信业的技术特征经过 100 多年的历史也在不断发生着变化，尤其近些年的变化更是显著，但是，无论技术如何变化、网络如何进步，都始终没有改变电信业网络经济的特征。

随着三网融合的发展，广电网、电信与互联网之间的产业边界日益模糊，业务融合步伐加快。广电网通过对网络的升级改造逐步进入宽带业务和国内 IP 电话业务；电信运营商也逐步进入互联网领域，开展基于自身网络优势的移动互联、手机电视等业务。互联网则通过网络电视，网络电话等形式形成对广电和电信的挑战。未来三网融合的结果将是形成统一技术标准下的信息和通信技术产业（ICT）。

当前中国电信业生存的大环境是转轨经济，自 2008 年以来电信行业受到行政部门干预的越来越少，这对中国电信业的发展来讲是好的开始，转轨经济的影响越来越少。随着技术的快速进步、5G 商用和普及，移动互联网给电信业运营商带来了新的发展机遇，并改变了整个信息通信行业的格局。在这种环境下，如何保护电信业的良性竞争、促进电信业健康快速发展，政府部门制定行业竞争政策至关重要。因此，本书研究新技术革命背景下移动互联网推动电信业快速发展，旨在进一步完善竞争政策对未来电信业的有效竞争有着较高的实践意义与应用价值。

1.1.2 本书研究的理论意义

电信业自 1994 年中国联通公司成立进行实质性改革以来至今接近 30 年，市场结构由开始的独家垄断到引入竞争，经过历次分拆与重组形成今天的竞争格局。电信业反垄断一直是学术界研究和关注的热点，一系列极具价值的经济学研究成果不断涌现。

20 世纪 80 年代学术界一致认为中国电信业的垄断既与新中国成立以来的政治经济体制有关，也与电信业自身的行业技术特征有关。王红梅（2000）从理论与实践角度分析了电信业垄断问题，探讨了全球竞争阶段电信业的体制改革、市场竞争和行业管理等问题。① 汪贵浦（2005）研究了中国电信业管制改革历程，指出初期的垄断经营是适应当时的经济发展形势。②

1994 年，中国联通成立之后，电信业开始了打破垄断引入竞争的实质性改革阶段，伴随着技术进步，电信业进入了快速发展时期。伴随着改革实践的进行，早期出现了一批基于 SCP 分析框架下产业组织与政府管制应用分析，电信业市场结构从独家垄断发展到寡头垄断的市场格局，行业绩效大幅度提高，随着价格的下降，消费者福利大幅增加。学术界在电信业引入竞争的必要性上观点是一致的。王学庆（1999）指出，为了消除垄断，促进电信业自身健康发展，同时适应加入世界贸易组织后的国际竞争，中国电信业开始引入竞争，放开进入限制。③

随着改革逐步深化，电信业经历了世纪之初的多次分拆和 2008 年的再次重组，最终形成了中国电信、中国移动和中国联通三家综合性全业务运营商，经济学者对电信业的研究也逐渐从理论的评述转向定量分析。汪贵浦（2005）运用 DEA 方法全面测算了电信业、电力行业、民航业、铁路行业等多个行业的经济绩效，并指出引入竞争是提高行业绩效的唯一出路。④ 刘蔚（2006）指出中国电信业的放松管制，引入竞争确实提高了电信业的运行绩效。⑤ 吕志勇等（2005）通过对中国联通成立以后电信业改革绩效研究发现，纵向分拆有利于提高竞争程度，而横向切分会对本地网接入竞争产生不利影响，移动运营商的差别定价和用户信息甄别对社会福利的提高是有帮助的。⑥ 芮明杰等（2006）通过比较中国和印度电信业绩效发现，政府控制力影响行业绩效。赵会娟

3

① 王红梅：《全球电信竞争》，人民邮电出版社 2000 年版。
② 汪贵浦：《改革提高了垄断行业的绩效吗？》，浙江大学出版社 2005 年版。
③ 王学庆：《电信产业政策和政府管制的改革》，载《通讯世界》1999 年第 6 期。
④ 汪贵浦：《改革提高了垄断行业的绩效吗？》，浙江大学出版社 2005 年版。
⑤ 刘蔚：《我国网络型基础产业改革的绩效分析——以电信、电力产业威力》，载《工业技术经济》2006 年第 8 期。
⑥ 吕志勇、陈宏民、李瑞海：《中国电信产业市场化改革绩效的动态博弈分析》，载《系统工程理论方法应用》2005 年第 2 期。

（2007）运用数据分析资费管制效果，发现进入 21 世纪资费水平有大幅度下降，从而监管部门的有效监管确实增进了社会福利。陈洁等（2006）测算了 1990～2003 年电信业的全要素生产率，发现它对产出增长率贡献并不高。

独家垄断确实会产生低效率，运营商有绝对的市场势力，从而早期反垄断按照本身违法原则来判断；随着市场格局的变化，行业效率得到提高，运营商的市场势力在下降，但仍然存在较高的市场势力。研究者发现，运营商有较高的市场势力却未必运用。因此，反垄断执法的原则不再坚持本身违法而变成了合理推定。张建平（2007）分析了电信业市场势力产生的原因、影响及衡量方法。明秀南等（2014）基于 NEIO 方法利用 2002～2011 年中国省际电信业面板数据进行实证分析发现中国电信业存在较高的市场势力并占主导地位，2008 年重组后市场势力进一步增强，同时也呈现出规模经济特征。这一时期的研究尽管讨论了电信业最近一次重组后整体市场势力的变动以及对社会福利的影响，但是对这次六组三后形成的三家运营商的力量对比鲜有涉及。

进入 21 世纪，技术进步带来的广电网、电信网和互联网的三网融合，产业边界日益模糊，向着统一的信息技术产业发展。2009 年，三网融合提升到国家政策的高度，但是因为三网各自利益关系，进程缓慢。范爱军等（2006）运用均衡模型从理论上分析了数网融合的市场结构、竞争行为和绩效的关系，对移动电信的融合及 3G 的竞争和管制问题从理论和实践上进行了分析，提出了为适应数网竞争而采取的管制融合及相关措施。殷继国（2010）强调了电信业继续执行不对称规制的必要性，因为在再次重组和三网融合背景下，电信业弱势运营商既面对行业内主导运营商的强烈竞争，同时还面临着广电网和互联网的竞争。

从以上研究可以看出，电信业的理论研究比较充分，但对转轨条件下尤其 5G 背景下电信业竞争政策的系统研究较少。由于转轨条件下电信业面临着突出的行业监管部门的干预问题，而 5G 快速推进又使电信业面临着广电和互联网的竞争以及整个信息与通信行业的融合过程，不同的接入定价政策也会严重影响行业的发展。本研究主要从网络产业的角度对当前时期电信业的竞争政策做一些理论及实证方面的探讨，以期对电信产业经济学及融合经济学理论有所裨益。

1.2　本书的研究方法

经济学作为一门科学，也有其内在的规律性和方法论可以遵循。本书研究过程中辩证唯物主义和历史唯物主义相结合，实事求是地、从发展的角度运用联系的方法来研究各种经济活动中的规律及其揭示的各种经济关系。

本书主要采取以下研究方法：一是多学科交叉与综合的研究方法，本书综合运用经济学、管理学、公共管理以及计量经济学等相关学科理论，是多学科知识的综合；二是理论和实践相结合，梳理产业组织及新产业组织相关理论，结合中国电信业改革与重组的现状，评估电信业市场势力，并对行政手段下电信业重组后的行业效率进行分析，为电信业竞争政策设计提供依据，具有较强的针对性；三是比较分析法，使用比较分析方法对不同国家的接入定价政策进行横向比较分析，目的为中国电信业以及三网融合后整个信息与通信技术行业的接入定价政策设计提供建议；四是抽象结合具体，在本书的研究过程中，首先对电信业竞争政策进行一般性理论论述，其次又结合转轨条件下电信业重组后的实际情况进行分析，为中国电信业设计科学有效竞争政策推动电信业发展提供依据。

本书在具体写作过程中，综合运用了实证分析方法与规范分析方法。

本书使用实证分析方法分析中国转轨条件下电信业市场势力及接入定价问题，从总体上把握中国电信业，对电信业当前市场结构深入了解，为电信业竞争政策设计提供依据。

在评估移动通信企业市场势力时，依据了哈佛大学贝恩教授的传统产业组织理论的 SCP 框架。传统产业组织理论按照结构——行为——绩效之间的因果关系分析每个具体行业。本书运用剩余需求弹性的方法从市场结构的角度评估运营商的市场势力，然后辅助了某些案例从行为角度验证市场势力评估的结果，但是案例研究并不是本书的主要研究方法。

本书运用实证分析方法对 2009 年以来电信业再次重组后的运行效率进行测度，量化政府监管部门对行业干预的效果，反映转轨条件下的政府主导的电信业分拆与重组对电信业发展的影响，为政府监管部门和国有资产管理部门对行业改革提供依据和参考。

本书使用实证分析与规范分析相结合的方法对电信竞争中接入问题进行了分析和总结。从实证角度描述了中国电信业网间接入资费政策的动态调整过程，并对世界发达国家电信业的接入定价方法进行描述与比较分析，为中国电信业接入定价政策优化提供经验借鉴，从规范经济学角度提出了电信业接入定价应该遵循的目标，为电信业接入定价政策设计提供判断标准和依据。另外，对于竞争政策的设计目标与实施等问题也基本应用了规范分析方法。

1.3 本书的研究框架与主要内容

1.3.1 本书基本框架

本书所要解决的问题是在对中国电信业竞争现状进行评估的基础上，设计电信业的竞争政策。本书研究框架反映了本书的逻辑思路，体现各章节之间有机的联系。

本书研究框架是：根据研究的背景提出研究问题，对移动互联网、市场势力和竞争政策的理论分析，以电信业中具有代表性的移动通信业务领域为例考察 5G 时代前后电信业发展现状以及运营商市场势力，电信业接入定价理论与应用分析，对现有政策下电信业的运营效率进行测算，在此基础上设计 5G 背景下电信业的竞争政策。

1.3.2 主要内容

本书主要内容为：

第 1 章绪论。阐述了本书的研究背景和实践价值，综述了电信业自改革以来代表性的研究成果，说明本书选题的理论意义和实践价值，接着概括了本书的研究思路以及应用的研究方法、涉及的理论，最后给出本书章节间的逻辑体系、主要内容以及创新点等。

第 2 章通信行业特征及业务分类。介绍了通信行业的技术经济特征，给出了依据《中华人民共和国电信条例》制定的电信业务分类，并对各业务进行界定，分析了各业务的发展现状及未来趋势。

第 3 章概念界定及文献综述。按照本书的逻辑思路对移动互联网、市场势力、接入定价以及竞争政策相关理论进行了梳理和阐述。

第 4 章移动通信业市场势力评估。介绍中国电信业的改革与发展历程，对当前 5G 背景下电信业三家全业务运营商的发展现状进行比较分析。选取通信业务中具有代表性占比较高的移动通信行业首先从市场结构的角度考察三家运营商的市场势力，然后从企业行为和运行绩效两个方面验证拥有市场势力的运营商在市场上是否运用市场势力。三家运营商在移动业务领域的力量还有一定的悬殊，其中，中国移动力量最强，中国联通和中国电信旗鼓相当。[①]

由于移动通信资费还有下降的空间，继 2009 年下放固定电话定价权之后，中华人民共和国工业和信息化部又在 2010 年下放了移动本地电话定价权，鼓励运营商通过"单向收费"等手段降低资费，这使得三家厂商之间的价格战越来越激烈。从另一方面说明，工业和信息化部对电信业的管制从早期的进入和价格管制转向资费和互联互通监管。在电信、广电和互联网三网融合以及电信业内部业务融合的背景下，导致运营商市场势力产生的某些原因在不断弱化，市场势力的下降使得运营商所处的竞争空间更大，竞争也更激烈，各家厂商会继续不断推出新的套餐和业务，最终三家厂商的力量将向均衡方向发展。[②]

第 5 章通信行业接入定价研究。首先介绍互联互通与接入定价的意义，然后从理论角度说明不同的接入定价方式以及接入价格的高低会影响电信业的互联互通。总结分析当前接入定价方法存在的问题，并对世界不同国家的接入定价方法进行横向比较，以期望为中国电信业找出合理科学的接入定价方法，并对电信资费已经放开以及三网融合背景下运营商之间的接入趋势进行分析。

第 6 章通信行业运行效率分析。首先介绍效率测算理论，选取 DEA 非参数方法对电信业自 2009 年再次重组以来至 2019 年底的运行效率进行测算。以投入为导向按规模报酬可变进行计算，测度两投入

[①②]　连海霞：《中国移动通信市场势力评估与反垄断》，载《宏观经济研究》2014 年第 11 期。

两产出下三家运营商在不同时段的相对效率值和每家运营商各自效率变化结果，发现全要素生产率前期处于频繁的波动之中，并没有呈现始终上升趋势。通信行业市场结构与运营商生产效率之间在一定程度上存在着负相关的关系，这与产业组织理论的结构决定行为和绩效是相符的。

第 7 章 5G 背景下通信行业竞争政策设计与实施。首先从社会福利或消费者福利最大化、产业效率提高、社会目标和政治目标等方面分析竞争政策设计的目标。然后说明中国电信业竞争政策的设计既要适应中国国情，同时要考虑与产业政策的协调，在开放条件下政策的设计还需要注意国际协调问题。最后，本章从法律完善、机构健全独立等方面说明竞争政策设计与实施。

第 8 章结论与展望。对本书的主要观点和结论进行总结，针对未来电信业发展的趋势，提出下一步研究的问题。

在整个分析中，第 4、5、6、7 章为核心内容。

总之，转轨经济是中国电信业无法逾越的，随着政治和经济体制改革的进一步深入，有些影响因素可以在短期内消除，有些因素短期内无法完全消除。电信行业自身又处于技术变革的新时代，5G + 数字经济给电信业的发展带来了新的机遇和挑战。设计科学合理的竞争政策，运营商与监管机构各负其责，将会促进电信业以及整个信息与通信行业的大发展。当前，我国正处于新发展阶段，我们要用新发展理念加快构建新发展格局，结合数字经济大背景，5G 移动通信技术的普及和广泛应用将带来通信行业的大发展，也会为数字经济与实体经济的融合提供强大的支撑。

1.4 本书的研究创新与不足

在借鉴前人基础上，对 5G 背景下移动互联网对中国电信业的影响进行了研究，本书在以下几个方面进行了创新。

第一，本书建立了电信业竞争政策研究体系。依据传统产业组织结构判断标准来看，通信行业是具有自然垄断性的行业，因此保证通信行业在可竞争业务领域的竞争力，提高行业运行效率是行业监管部门的基本职能。根据竞争政策存在的市场结构环境，通常是垄断程度比较高的行业或市场才存在竞争政策设计的必要性，而完全竞争的行业无须考虑设计竞争政策。电信业 20 年来的改革主要是从产业政策角度通过引入竞争的方式加强对电信业的垄断改革。学术研究中对竞争政策的研究比较多，多数是从广泛意义上来探讨竞争政策。本书建立了相对全面的电信业竞争政策研究体系。首先是从某个业务领域对运营商的市场势力进行评估，既结合传统产业组织理论结构、行为和绩效的考察，又运用了新产业组织理论的经验分析方法。在产业结构环节运用剩余需求弹性方法对移动通信领域运营商的市场势力进行评估，考察运营商在市场上的相对地位。实现运营商之间的互联互通是保证运营商之间公平竞争的必要条件，而合理的接入定价政策则是互联互通的保障，因此，电信业竞争政策研究离不开对电信业接入定价的分析。转轨条件下电信业在现有竞争政策环境下的效率评价以及竞争政策设计的目标、原则、实施等问题也是电信业竞争政策研究必不可少的部分。本书最终形成了市场势力评估、接入定价、效率评估、政策设计一套相对完整的研究体系。

第二，把电信业市场势力评估由行业层面实际应用到企业层面的某一具体业务领域。①

国内学术界对市场势力的评估较多地集中在出口企业或者与外资进入有关的例如银行、汽车等国内行业上。对电信业市场势力评估数量不多，而且基本上是对电信行业的市场势力进行评估。克莱特（Klette，1999）把市场势力研究对象从产业层次缩小到企业层次。本书进一步深入，把对电信业的市场势力分析进一步由企业层面深入到具体业务领域。运营商依托移动终端的语音、短信、数据流量和互联网经营收入在主营业务收入占比达 70% 以上。本书基于中国通信业发展现状，选取三家电信运营商共存的移动通信领域考察运营商的市场势力，之所以选择移动通信业务有两个方面原因：一是移动通信快速发展，除了安徽、湖北、湖南和西藏地区外，其余地区移动电话普及率均已达到 100%，②已经在传统电信业务中占据主导地位；二是移动通信业务领域受三网融

①③ 连海霞：《中国移动通信市场势力评估与反垄断》，载《宏观经济研究》2014 年第 11 期。

② 《2020 中国通信统计年度报告》，人民邮电出版社 2020 年版。

合的影响最大。本书运用双对数剩余需求函数中的价格和自身需求数量弹性系数之间的对应关系，通过剩余需求弹性方法对移动通信领域三家运营商的市场势力进行评估，结果发现，重组以后的移动通信领域，中国移动的市场势力（0.48）最大，中国联通（0.35）次之，中国电信（0.19）的市场势力最小。[3]从具体业务角度考察运营商在电信市场上的市场势力，可以相对准确判断当前市场结构下各运营商在市场中的相对地位，判断未来技术进步情况下各运营商的发展趋势，为监管部门在未来可能仍然执行非对称监管提供依据。

第三，对电信业运行效率分析从地区截面调整为企业截面。以往对电信业效率进行分析时，在选取面板数据时通常是选择电信业在不同省份不同年度的投入产出数据来进行分析，这样分析出来的结果在说明电信业效率变动的同时，更多地强调中国电信业效率的地区差异情况。本书把对电信业效率的测算对象选为三家运营商而不是省际全行业分析，目的是通过效率测算可以看出自 2009 年重组以来整个电信业的效率波动情况。从技术效率变化来看，中国电信与中国联通的平均技术效率改变都大于1，只有中国移动因规模效率增长率下降导致技术效率改变小于1，说明中国移动的规模经济效应早于中国电信和中国联通呈现下降趋势，开始进入规模不经济的过程。从技术变化来看，结果和时间序列一致，技术进步的变化多数大于1，说明中国电信业在采用新技术上是比较成功的。从全要素生产率来看，中国移动最低，下降了4.2%，而中国电信（0.4%）和中国联通（0.1%）都呈现了上升趋势，与时间序列的结果也是一致的。中国移动规模的扩大，导致管理费用增加，效率呈现下降趋势。通过运营商层面的效率测算可以更直接地反映电信业六组三后的效率，反行政干预下的企业重组的政策效果，为政府今后对电信业的科学有效监管提供理论依据。

第四，运用案例法研究分析移动互联网对通信行业的影响。本书以中国联通为例，结合联通公司移动互联网运行实践，探讨了5G背景下通信运营商运营新一代移动通信技术如何实现自身的数字化转型，助推数字经济与实体经济的快速融合。

在对电信业竞争政策的研究中，本人深感这一领域有越来越多的内容需要进一步深挖。尽管已做了各种努力，但由于个人对电信业技术特征和竞争政策的认识仍然不够透彻，同时个人的精力、能力毕竟有限，本书在以下两方面有待进一步提高：

第一，数据的局限性。由于本书从运营商的角度考察电信业的发展与竞争的现状，而中国各层次的统计数据多是从总量意义上进行统计，在这种情况下数据来源就比较单一，数据的可靠性就很难验证。另外，在对电信业效率进行测算时，选取运营商的投入数据为研究样本，而某些投入数据限于统计不够细分，从而导致研究变量偏少，对实证分析的有效性产生不利影响。

第二，缺少验证。由于时间关系，5G 刚开始大面积铺开，数字经济的融合性发展也正加紧进行，数据从时间的长度来看仍然不够，其影响还需持续关注。另外，对电信业以及整个信息通信技术行业的互联互通也仅限于规范分析，因为数据关系没有进行实证效果的检验，而且对电信业资费价格放开后未来资费的发展变化趋势都有待于进一步跟踪研究。今后，本人将进一步关注行业改革与发展和政府监管体制的改革等问题，收集数据验证本书得出的一些结论。

第 2 章　通信行业特征及业务分类

2.1　通信行业的概念及技术经济特征

2.1.1　通信行业概念

通信行业又称为电信行业。通信作为电信存在是从 19 世纪 30 年代开始的。在法拉第发现电磁感应的基础上，1837 年莫尔斯发明了电报，麦克斯韦后来提出了电磁场理论，才有了后来贝尔 1876 年发明的电话，特斯拉在 1894 年成功进行短波无线通信试验，马可尼在 1895 年发明无线电，首次在英国怀特岛和 30 公里之外的拖船之间成功实现无线传输，开启了现代无线通信的新纪元。1906 年，范信达首次成功通过无线电波传送了远距离电台节目，并在 1927 进行了大西洋两岸第一次电视广播。1946 年，第一个公共移动电话系统在美国的 5 个城市建立，1981 年，第一个模拟蜂窝系统建立，1988 年，第一个数字蜂窝系统在欧洲建立，即为众所周知的全球移动通信系统（GSM），1997 年，无线局域网第一个版本发布。[①] 移动通信在中国起步虽晚，但发展速度和取得的技术进步却很显著。

根据中国电信上海研究院胡世良的观点，通信行业从传统意义上来讲是指为社会提供通信产品和服务的企业的集合，利用信息通信技术实现在不同地点间的信息传递，其主要职责是信息传递，更多的是指实现

---

① 傅洛伊、王新兵：《移动互联网导论》（第 3 版），清华大学出版社 2019 年版。

信息传递的各种技术手段，包括接入网的光纤技术、核心网的 IMS 技术、移动通信的 LTE 技术、互联网的 IPv6 技术等。由于数字经济的发展，电信业在积极推进企业的数字化转型，随着电信网、广电网和互联网的三网融合，电信业已经进入了移动互联网，物联网、云计算，大数据等各种领域，涉足了移动电子商务、文化旅游、视频产业、娱乐业、广告业、信息服务等诸多业务，[①] 因此对通信行业的业务分类还应该随着经济社会发展以及技术进步随时调整和修订，以便真实准确反映通信行业的生产经营情况。

2.1.2　通信行业的技术经济特征

通信行业首先表现为网络特性，每个消费者都是网络中的一个终端。完整的通信网由信息传输、信息交换、终端设备和信令过程、网络协议及相应支撑系统共同组成。通信网络按照服务的地域划分包括局域网、城域网、本地通信网、长途通信网、国际通信网以及农村通信网等，除了农村通信网，前几类网络之间存在一个地域上由小到大的区别。电信网络的物理链接形成拓扑结构，包括星型网、环形网、网型网、直线网、复合网和蜂窝网等结构型式。图 2-1 是复合网的一个简图，复合网一般由网型网和星型网两种网复合而成。以星型网为基础，根据电信网业务量的需要，如果在业务量较大的交换中心区间采用网型结构，就可以提高整个网络的稳定性，而且比较经济；星型网结构则用在业务量小的交换中心间，这样，复合型网就同时具有了网型网和星型网各自的优点，是电信网常用网络拓扑结构。

通信网对消费者的效用大小取决于网络中消费者的多少，既不是越多越好也不是越少越好。根据梅特卡夫定律，一个网络的价值取决于该网络内节点数，与联网的消费终端数的平方成正比。之所以网络的价值是终端数的平方，原因在于网络经济的特性。[②]

---

①　胡世良：《电信业定义该重审了》，载《人民邮电报》2012 年 4 月。
②　程虹、王林琳：《梅特卡夫法则解说与横向战略联盟价值》，载《情报探索》2006 年第 12 期。

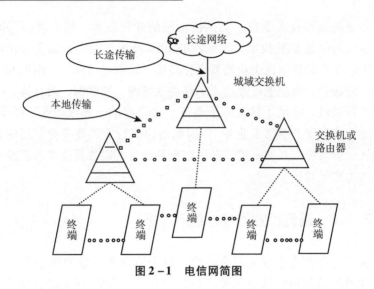

长途网络

长途传输

城域交换机

本地传输

交换机或
路由器

终端 终端 终端 终端 终端

图 2 - 1　电信网简图

通信行业由节点构成网络的特性决定了通信业的技术经济特征。同时，通信企业所生产产品的特征也对通信行业经济特征产生影响。通信业的产品是无形的服务，不具有实物形态，因此我们又称其为通信服务业。同时，通信服务生产即消费，两者在时间上是不可分割的，并且这种服务是无法储存的，运营商提供的通信能力如果不及时被消费者使用就意味着浪费。最后，各电信业务之间存在着替代性。从 A 到 B 的信息传递既可以通过打固定电话或移动电话、发短信、电子邮件，也可以通过微信、QQ 视频电话等方式来实现。在通信业的网络特性和产品属性共同决定下，通信行业体现出以下经济特征：

（1）网络经济导致的消费外部性。所谓消费的外部性是指一项消费活动给周围其他个体带来了有益的影响，那么我们就说这项消费活动就有正外部性。电信行业作为网络型产业具有较强的消费正外部性。电信网络中的每个终端进入的前提是可以与其他终端相互传输信息，因此，只有身边的同事、朋友、亲人都以终端的身份加入了该网络，那么这个终端加入该网络才有价值，由此说明了电信网络消费和使用的正外部效应。

（2）生产的显著规模经济特性。在企业扩大生产的过程中，产量扩大 1 倍，生产成本的增加却小于 1 倍，此时就出现了生产的规模经济性，它解释了长期平均成本的下降阶段，与某些行业的市场需求相比，始终处于长期平均成本的下降阶段来经营的行业即被称为自然垄断行业，电信行业就是其中的一种。具体到电信行业来说即因为电信行业的运行需要大量的基础设施投资形成高额的固定沉没成本，而一旦开始提供电信服务，多服务一个消费者所增加的边际成本几乎可以忽略不计，从而出现了长期平均成本曲线随着服务的消费者数量的增加而急剧下降，从而也说明在自然垄断行业是不可能形成竞争性均衡的结果，传统理论依据行业的这种规模经济特性认定为这类行业只适合一家企业来经营，学界的这一观点导致政府在某些自然垄断性行业只批准一家企业来经营，从而最终决定了在通信业市场上不可能出现大量的竞争者。就中国来讲，基于历史的原因，最初的计划经济体制下由中国邮电部来管理和运营通信服务。后来政府越来越意识到独家垄断的不足，一方面，服务相对较差，改进服务的速度明显慢于行业技术进步速度；另一方面，服务的价格高昂，行业才开始引入新的竞争者，并最终形成了寡头之间竞争的市场格局。

（3）互联互通。互联互通是指一家电信运营商使用同行业另一家电信运营商的基础设计，很多服务业都存在互联互通问题，包括通信行业、有线电视、铁路、公共交通、航空业等。互联互通的产生在于在这些行业投入到基础设施上的固定成本和沉没成本相对于通过此类基础设施传送或发射单位服务的成本来讲非常大。例如，铺设光缆和缆线的维护构成电信运营商的基础设施支出部分，而呼叫一个电话的成本相对于基础设施的成本可以忽略。互联互通意味着一个本地主叫电话可以通过其他运营商的网络传输到其他地区甚至国外。新的竞争者加入，从而就出现了不同消费者接受不同运营商通信服务的结果，而消费者加入通信网络的目的是沟通和交流，因此新加入的运营商需要连接占有优势地位的本地网络运营商网络才能到达对方客户，运营商之间为了实现互联互通就产生了接入需求。网络产业的企业之间接入既可以免费接入也可以有偿接入，实践证明，通过引入接入定价让其他运营商向拥有并维护基础设施的运营商支付接入费用并使用其现有设施可以保持现有基础设施的高效利用。目前，基本上所有网络产业都实行接入定价。对通信行业来讲，接入定价水平的高低对行业竞争格局会产生重要影响。

（4）普遍服务性。根据经济合作与发展组织，电信普遍服务宗旨是保证所有个体在任意地方都能够按照自己能够承担的价格来享受电信服务，并且业务的质量和资费的价格都应该一视同仁，这就保证了偏远和贫困地区的居民消费者在享受电信服务的时候支付的价格是偏低的，从而导致运营商在提供通信服务时可能是亏损的。这一要求体现了电信行业保证社会平等的目标，因此，普遍服务是每个运营商应尽的义务。但是，提供普遍服务所产生的亏损则是一个需要直面的问题，有的国家建立普遍服务基金进行补贴，而中国长期以来采用的是内部电信业务交叉补贴的方式，即"国际补国内、长途补市话、城市补农村"以及向用户收取长途附加费及初装费的方式实现的。2017 年开始试点建立电信普遍服务补助专项资金，由中央财政安排的，用于支持电信普遍服务工作，包括农村、边远地区光纤和 4G 等宽带网络建设运行维护的资金，该试点办法于 2018 年 12 月进一步修订。①

2.2　通信行业的业务分类及各业务发展情况

2.2.1　通信行业业务分类

电信业运行和消费者权益保护的法律依据是《中华人民共和国电信条例》，具体包括七章，共八十一条。根据《中华人民共和国电信条例》，2015 年中华人民共和国工业和信息化部对电信业务进行了调整。2019 年 6 月，工业和信息化部为贯彻落实中央经济工作会议精神，加快 5G 商用步伐，依据《中华人民共和国电信条例》，对《电信业务分类目录（2015 年版）》进行了修订。在基础电信业务的蜂窝移动通信业务类别下增设第五代数字蜂窝移动通信业务子类。其他业务维持不变。从大类来划分，电信业务分为基础电信业务和增值电信业务。

业务分类目录见表 2 - 1，具体业务界定见附录 1。

_____

① 关于印发《电信普遍服务补助资金管理试点办法》的通知，中国政府网，www.gov. cn。

表 2 - 1   电信业务分类目录

一级目录	二级目录	三级目录
基础电信业务	第一类基础电信业务	固定通信业务
		蜂窝移动通信业务
		第一类卫星通信业务
		第一类数据通信业务
		IP 电话业务
	第二类基础电信业务	集群通信业务
		无线寻呼业务
		第二类卫星通信业务
		第二类数据通信业务
		网络接入设施服务业务
		国内通信设施服务业务
		网络托管业务
增值电信业务	第一类增值电信业务	互联网数据中心业务
		内容分发网络业务
		国内互联网虚拟专用网业务
		互联网接入服务业务
	第二类增值电信业务	在线数据处理与交易处理业务
		国内多方通信服务业务
		存储转发类业务
		呼叫中心业务
		信息服务业务
		编码和规程转换业务

　　在当前中国通信行业中，中国移动公司、中国电信公司、中国联通公司和中国广电公司四家运营商都属于全业务运营商，即可以经营通信行业业务分类目录中的全部业务类型。

2.2.2　各业务发展现状

近些年，受益于通信技术的快速发展，中国基础通信业务量持续上升，电信用户一直维持上升趋势，但是在各业务之间却出现了分化，因为移动电话的替代作用，固定电话用户量一直呈现下降的趋势，移动和宽带用户（即3G、4G、5G用户）则保持上升的趋势，见表2-2。

表2-2　　　　　近年固定电话与移动电话变动趋势

时间	固定电话用户数（期末）（万户）	移动电话用户数（期末）（万户）	移动互联网接入流量（当期）（万G）	移动互联网接入流量（累计同比增速）（%）
2017 年 11 月	19516.33	141020.66	298420.37	158.23
2017 年 12 月	19376.16	141748.75	339240.57	162.7
2018 年 1 月	19245.66	143206.81	353236.55	184.82
2018 年 2 月	19196.8	144155.04	336222.31	186.27
2018 年 3 月	19098.49	147084.61	428067.29	191.51
2018 年 4 月	19012.93	148289.69	451775.59	192.19
2018 年 5 月	18940.28	149579.62	526731.2	196.32
2018 年 6 月	18834.86	150977.82	566893.28	199.58
2018 年 7 月	18704.87	152432.94	622145.67	202.4
2018 年 8 月	18621.9	153781.55	659451.75	203.43
2018 年 9 月	18534.32	154689.86	705200.64	201.88
2018 年 10 月	18420.88	155348.05	779965.97	198.44
2018 年 11 月	18347.65	155912.93	802393.08	194.28
2018 年 12 月	18224.77	156609.77	869722	189.05
2019 年 2 月	19011.8	158350.1	778351.8	136.1
2019 年 3 月	19293.08	159655.4	932395.58	129.09
2019 年 4 月	19263.9	159074.83	945891.39	122.17

18

时间	固定电话用户数（期末）（万户）	移动电话用户数（期末）（万户）	移动互联网接入流量（当期）（万 G）	移动互联网接入流量（累计同比增速）（%）
2019 年 5 月	19227.07	158912.96	1011396.99	114.62
2019 年 6 月	19207.35	158560.26	1021545.02	107.32
2019 年 7 月	19235.41	159088.39	1091856.39	101.31
2019 年 8 月	19166.17	159578.86	1137459.7	96.5
2019 年 9 月	19190.09	159835.83	1101587.62	90.4
2019 年 10 月	19129.59	159900.33	1117694.34	83.65

资料来源：中经网统计数据库。

2.2.3　通信行业各业务发展趋势

随着第四次工业革命的进行，各种新技术应用越来越普及，新兴业务大力拓展，固定增值与其他业务收入将进一步发展，推动电信业务收入增长。

1. 电信业务收入稳定增长

电信业务收入是通信产业总收入的入口，电信业务收入的稳定增长是通信产业健康运行的活力之源。根据工业和信息化部核算，2020 年我国电信业务收入累计完成 1.36 万亿元，同比增长 3.6%，增速同比提高 2.9%。[①]

受疫情影响，居家生活和办公增加了用户对在线业务的需求，使宽带业务、数据业务、创新业务等的收入快速增长，大大推动了电信收入的增长。

2021 年，5G 终端的进一步普及使得 5G 渗透率快速提升、5G 连接数进一步扩大，全年业务收入预计增长 3% 以上。如果运营商不再开展大规模降费活动，电信行业将继续保持在合理增长水平上。

---

① 资料来源：2020 年通信业统计公报。

2. 固定增值业务成为增长第一引擎

根据前文对电信业务的分类，电信业务收入包括基础电信业务中的固定电信业务收入、移动电信业务收入和其他电信业务收入，固定电信业务又包括固定增值业务（如数据中心业务、云计算、大数据以及物联网业务收入）和固定数据及互联网业务；移动电信包括移动数据及互联网业务。

2020 年，固定数据及互联网业务实现收入 2376 亿元，同比增长 9.2%，对全行业电信业务收入增长贡献率达 42.9%；固定增值业务实现收入 1743 亿元，同比增长 26.9%，对收入增长贡献率达 79.1%；移动数据及互联网业务实现收入 6204 亿元，同比增长 1.7%，对收入增长贡献率为 22.3%[1]（见图 2-2）。固定增值及其他业务成为电信业务收入增长的第一引擎。

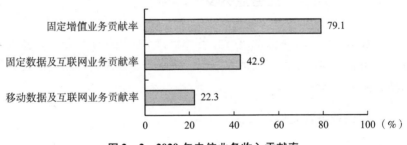

图 2-2　2020 年电信业务收入贡献率

资料来源：2020 年通信业统计公报。

3. 5G 渗透率不断提高推动电信业务收入增长

除了固定增值业务推动，5G 渗透率不断提高，5G 用户不断增加同样推动电信业务收入增长。

自 2019 年 6 月 6 日 5G 正式商用以来，由中国三大运营商负责的 5G 网络建设顺利推进，向用户提供 5G 服务，其用户不断增加。截至 2020 年底，中国移动 5G 套餐用户数已超 1.65 亿，当 2020 年全年新增

---

[1]　资料来源：2020 年通信业统计公报。

1.625 亿。① 这个增长速度超出了中国移动早期设立的目标。中国电信方面，5G 套餐用户数达 8650 万，2020 年全年新增 8189 万。② 根据三家运营商的半年报，三家运营商 5G 套餐用户总数将破 5 亿（4.93 亿）。按照中华人民共和国工业和信息化部公布的《2021 年上半年通信业经济运行情况》，截至 6 月末，三大运营商移动电话基站总数达 948 万个，比上年末净增 17 万个。③

整体来看，中国移动的 5G 套餐用户数遥遥领先，接近中国电信和中国联通 5G 套餐用户总和，发展速度超出预期。与此同时，5G 的资费可能进一步下降，但是用户的增长将弥补资费下降带来的影响。

三网融合，传统电信运营商失去了在通信业务中的垄断地位，但是，通信行业通过横向整合金融、餐饮、娱乐以及旅游等多个服务行业，形成了一个开放的生态环境，这又推动消费者对电信业务需求的价格弹性呈现出下降的趋势。未来，通信行业的发展驱动不再单独依靠技术，用户和市场需求将成为行业发展的主要驱动。

2.2.4 数字经济挑战

21

1. 移动互联应用产生了海量数据需求

1993 年世界上第一部智能手机产生，但在当时手机上只有一款名为 IDispatch 的第三方应用软件。与传统功能手机不同的是，智能手机可以接入无线互联网，像计算机一样随时卸载和安装应用软件，为各种增值服务提供了广阔空间，满足了消费者的个性化需求，基本上达到了计算机的目的，正是因为智能手机的这种便利性、人性化，使得智能手机和其他智能终端快速普及，移动互联网正逐步变成生活的必需品，工作、生活以及娱乐等方方面面都离不开这些智能终端。而所有的移动终端之所以可以实现互联互通，离不开通信运营商提供的移动网络和各种数据流量套餐。

---

① 资料来源：中国移动 2020 年年报。
② 资料来源：中国电信 2020 年年报。
③ 2021 年上半年通信业运行情况，工业和信息化部运行监测协调局，https：// www. miit. gov. cn/，2021 年 7 月 20 日。

当前，各种软件和第三方服务的开发，使得智能终端对数据流量的需求超出了增长预期。2007 年，第一代 iPhone 发布，第二年直接发布了第三代 iPhone，此前，3G 网络已经商用近 10 年，从移动宽带诞生的那天起，人们就在呼吁重量级应用的出现，iPhone 的出现改变了这一局面。新的智能终端的流量消耗令人难以想象，一部 iPhone 每月消耗1.2GB，Android 用户每月消费 500MB，黑莓手机用户每月消费 300MB 数据流量，① 5G 的加速应用使得客户对数据流量的需求急剧增加，根据中国移动套餐模式可见一斑：最低档套餐是月均 128 元 30G 流量，最高档是月均 598 元 200G 流量。

2009 年底，因为 iPhone 应用需要消耗大量数据流量，AT&T 网络出现了经常性拥塞有时甚至出现局部瘫痪的情况。各移动终端既是海量数据的产生源，同时，终端之间的连接和互动又会产生海量的场景数据，都给通信运营商的数据存储带了巨大挑战。2020 年，移动互联网接入流量消费达 1656 亿 GB，比上年增长 35.7%。全年移动互联网月户均流量（DOU）达 10.35GB/户·月，比上年增长 32%；12 月当月 DOU 高达 11.92GB/户·月。其中，手机上网流量达到 1568 亿 GB，比上年增长 29.6%，在总流量中占 94.7%。②

国内的三大运营商不约而同地加大了资本支出。大数据和 5G 网络也成为新基建的核心领域。一方面，电信运营商加快推进 5G 网络基础设施建设；另一方面，对现有网络进行优化升级，建立云数据中心，以应对海量数据存储需求的增长。

2019 年，5G 牌照发放。5G 技术的商用化不仅启动了运营商新一轮的投资，还激发了各领域的数字化投资，加速了信息通信技术资本深化的进程。新一代移动通信技术的大规模产业化、市场化应用，必须以电信运营商网络设施的先期投入为先决条件，运营商对 5G 网络及相关配套设施的投资会直接增加国内对网络设备的需求，带动元器件、原材料等相关行业的发展。5G 移动互联网技术的低延时、高速率、低成本优势吸引着国民经济各行业加大了对移动互联网技术的相关投资，增加了信息通信技术资本投入比重，提升了各行业的数字化水平，投入产出效率提高，经济结构优化，推动经济在疫情背景下稳定增长。通信行业的

---

① 胡世良等：《移动互联网：赢在下一个十年的起点》，人民邮电出版社 2011 年版。
② 资料来源：2020 年通信业统计公报。

每一次技术进步都会带来电信运营商基础设施投资的一波上升。

2. 移动互联网给电信行业带来的挑战

移动互联网应用的推广普及产生了快速增长的数据流量需求，在给运营商网络带来了巨大挑战的同时，却没有带来收入的同等增速。

既要经受网络承载能力的考验，又要面临数字经济和第五代移动通信的冲击，传统电信运营商的盈利模式正面临着巨大挑战。同时，移动互联网时代，通信运营商将面对更多的信息通信（IT）和互联网巨头展开的跨界冲击。

移动互联网的运营模式有两种：一种是固网运营商与互联网之间是管道模式，在这种模式下网络运营与业务运营是分离的；另一种是固网运营商与互联网之间是管道加业务的模式，在这种模式下网络运营与业务运营部分结合。

运营商已不仅限于第一种模式的管道服务，希望更多地参与到内容提供中。对于运营商而言，之所以出现业务收入和流量的"剪刀差"，根本原因在于网络成为透明的信息传输管道，不参与信息本身的供给，被旁落在移动互联网价值链之外。在移动互联网快速发展时代，三网融合是大趋势，移动运营商将和众多设备制造商、互联网公司共同经历迁徙、越界最终混合的过程。

2006 年，中国移动率先将"移动通信专家"的定位转变成"移动信息专家"，昭示了中国移动要"通吃"整个产业链的决心。然而，根据王建宙的观点，运营商的技术仍然限于点对点的通信技术。但是，现在移动互联网延伸出许多应用，已经超出电信技术的范围。所以，中国移动不可能"通吃"各行各业，成为行业"共主"。这就要求运营商重塑互联网基因，在移动互联网上甄别出能够最大化发挥自身优势的领域并全力进入，开展差异化竞争，中国移动才能行稳致远。[①]

5G 移动互联网正在推动电信业进入一个崭新的历史阶段。电话和互联网在人类发展的历史上都曾产生了重要影响，二者的融合将使电信产业在国民经济发展和百姓生活中占据无以替代的位置。

---

① 王建宙：《从 1G 到 5G：移动通信如何改变世界》，中信出版集团 2021 年版。

2.3 本章小结

　　本章介绍了通信行业的概念及其所具有的技术经济特征，指出通信行业是指为社会提供通信产品和服务的企业的集合，利用信息通信技术实现在不同地点间的信息传递，通信行业所生产的产品具有无形性、不可存储性、生产与消费时间上的同时性等特征。本章还对通信行业的业务分类进行了界定，包括基础电信业务和增值电信业务，并对各业务发展现状和发展趋势进行了简单分析，同时分析了数字经济和第五代移动通信时代通信业所面临的挑战。

第3章 概念界定及文献综述

3.1 移动互联网理论综述

3.1.1 移动互联网概念界定

国内流行的移动互联网专业基础课教材有清华大学出版社王新兵、傅洛伊为主的《移动互联网导论》和机械工业出版社以危光辉和罗文为主的《移动互联网概论》。前者介绍了移动互联网的发展历史,定义了无线移动通信,对于移动互联网没有明确定义。后者定义的移动互联网,是指将移动通信和互联网二者结合起来,成为一体,利用互联网的技术、平台、商业模式和应用与移动通信技术结合并实践的活动总称,用户借助移动终端通过移动通信技术访问互联网,因此,移动互联网的产生、发展与移动通信技术的发展趋势密不可分。[①] 根据移动终端设备的区别,移动互联网又可以分为广义和狭义。广义的移动互联网是指用户通过各种移动终端包括智能手机、笔记本等接入互联网,狭义的移动互联网仅指用户使用智能手机通过无线通信接入互联网。本书采用广义的移动互联网概念。

世界无线研究论坛认为,移动互联网服务具有自适应性、个性化、能够感知周围环境的优点,它给出的参考模型(见表 3 – 1)。

---

① 危光辉、罗文:《移动互联网概论》,机械工业出版社 2014 年版。

表 3 – 1   移动互联网参考模型

App	App	App
开放 API		
用户交互支持	移动中间件	
	互联网协议族	
操作系统		
计算与通信硬件/固件		

各种应用程序通过 API 获得用户交互支持，操作系统则完成上层协议与下层硬件/固件资源之间的交互。同时，移动互联网也支持多种无线接入方式。可以是 WPAN 接入，也可以是无线局域网（WLAN）接入，或者是无线城域网（WMAN、WWAN）。各种接入方式之间存在一定的功能重叠，彼此之间可以相互补充、相互促进，具有不同市场定位。各种接入方式之间的关系，见图 3 – 1。

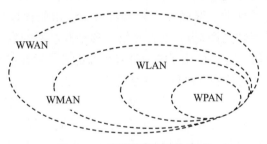

图 3 – 1　移动互联网接入方式

根据手机及应用的特点，移动互联网表现为具有以下特征：一是其移动网络属性，没有地域限制的互联网服务使得移动互联网也没有地域限制；二是手机作为主要移动终端，手机号码及各种手机终端应用都具有私人化、私密性；三是其个性化，由于手机终端的 GPS 定位功能，使用者可以根据所处位置获得个性化服务；四是未来发展的潜力很大。由于当前手机号码实行实名制，手机通讯录中的用户关系都是真实社会关系，在手机通信功能的基础上衍生出来的各种应用都成为了移动互联网新的增长点；五是移动通信运营商通过收取用户的数据流量费获得收入。总之，移动互联网既具有桌面互联网的开放协作性，又继承了移动互联网所具有的便携性、隐私性、个性化、可定位等特点。

伴随着移动互联网的发展，移动电子商务得到快速发展，它是在电子商务的发展基础上通过手机等各种无线移动终端进行 B2B、B2C 或 C2C 的商贸活动。我国移动电子商务的发展环境经历了从 2G 到 5G 十年一代的移动通信技术发展过程，通信技术进步和网络环境的改善为移动电子商务的新发展创造了良好的机遇。

2019 年 5G 时代的开启以及新一代移动终端设备的普及对移动互联网的发展正产生着巨大影响，移动互联网将开启通信行业新纪元，为通信行业插上腾飞的翅膀。

3.1.2　国内外发展与研究现状

1. 移动互联网发展现状

根据第 48 次《中国互联网络发展状况统计报告》，截至 2021 年 6 月底，中国网民规模达到 10.11 亿，半年共计新增网民 2175 万人，互联网普及率达 71.6%，中国手机网民规模达 10.07 亿，网民中使用手机上网的比例为 99.6%，[①] 手机成为网民上网不可或缺的设备。移动互联网的服务范围和影响力进一步扩大，离不开移动互联网的海量数据及大数据技术的应用。而随着手机网民规模攀升，中国互联网企业也得到迅速发展，这一切都为推动中国经济高质量发展提供了强大内生动力，加速了数字新基建建设、有力打通了国内大循环，也促进了数字政府服务水平提升。

移动互联网的基础应用因为基础资源的增加得到了快速发展。2021 年上半年，我国个人互联网应用呈持续稳定增长态势。其中，网上外卖、在线医疗和在线办公的用户规模增长最为显著，增长率均在 10% 以上。基础应用类应用中，搜索引擎、网络新闻的用户规模较 2020 年 12 月分别增长 3.3%、2.3%；即时通信用户规模达 9.83 亿，较 2020 年 12 月增长 218 万，占网民整体的 97.3%；商务交易类应用中，在线旅行预订、网络

---

① 中国互联网络信息中心（CNNIC）：第 48 次中国互联网络发展状况统计报告。

购物的用户规模较 2020 年 12 月分别增长 7.0%、3.8%；网络娱乐类应用中，网络直播、网络音乐的用户规模较 2020 年 12 月均增长 3% 以上。[①]

从基础应用中的即时通信、在线办公等，到商务交易类的网络支付、网络购物、网上外卖、在线旅行预订等，再到教育、医疗、交通等公共服务，以及现在发展强劲的网络视频、网络直播和网络游戏等应用，使得许多新的需求被创造出来。移动互联网营销迅速发展，早在 2015 年，微信营销推广使用率达 75.3%。在开展过互联网营销的企业中，35.5% 通过移动互联网进行了营销推广，其中有 21.9% 的企业使用过付费推广。[②] 它们的高速发展本身，弥补了过剩产能造成的下降，提高了供给侧结构中良性供给的比重。

2. 研究现状

学术界对移动互联网的研究起始于 2000 年，张旭军等（1999）在 1999 年国际无线通信展上，探索了移动互联网的初次展示，移动通信和互联网技术的融合——移动互联网，成为通信网络技术发展的新趋势。2000 年，新加坡亚洲通信展再一次把移动互联网这一新生事物带进了人们的生活，前后只经历了半年时间。故而，2000 年开始，学术界对移动互联网的研究更多地集中在对这一新生事物的介绍方面。10 年间，移动通信技术标准从 1G 发展到 2020 年的 5G，发展速度极快。而对移动互联网的集中研究开始于 2011 年，2015 年作为研究热点，更多地集中在移动电子商务模式的研究，例如 C2C（宋磊和鲍韵，2015），B2C（王明明和赵国伟，2015），O2O（张薇，2015）。

以移动互联网为关键词搜索中国知网学术期刊资源，获得文献 15998 篇，其中学科分布统计结果显示，研究集中的前三个领域，首先是信息经济与邮政经济占比为 24.03%，其次是电信技术占比为 9.75%，在此时计算机软件及计算机应用占比为 9.16%。

国外对移动互联网的研究更早。克拉克等（Clark et al.，1996）提出，始于计算机、通信领域的新技术革命已经发生，无线技术被广泛应用于移动计算，移动带宽大幅度提高使得高效的互联网多媒体越来越容易获得，沿着这一方向发展过程中，驱动网络快速发展的力量不是技术

---

① 中国互联网络信息中心（CNNIC）：第 48 次中国互联网络发展状况统计报告。
② 中国互联网络信息中心（CNNIC）：2015 年第 37 次中国互联网络发展状况统计报告。

创新而是来自应用者的需求。芬克等（Funk et al.，1996）利用立法和价值网络的概念解释了移动通信行业的竞争问题，指出很多国家成功的运营商和设备制造商是那些已经成功建立有效价值网络的公司。皮兰和莎拉等（Perrin and Sarah，2000）研究了英国移动通信行业发展前景，并指出 3G 的商用将快速推动英国及全球移动通信行业的发展。根据Ebscohost 自然与社会科学全文数据，在 1996 年到 2000 年间，有关移动通信行业的研究共有 142 篇，其中大部分都在分析预测移动通信行业"井喷式"的发展以及对未来生活影响。

3.1.3　移动互联网对实体经济的影响

1. 供给的影响

移动互联网的发展，促使传统电子商务（E – Commerence）逐步被移动电子商务（M）替代。移动电子商务被认为是和商业交易联系在一起的。借助于移动通信技术交易双方开始接触并最终达成合作协议。移动电子商务以其移动接入、身份识别、移动支付和信息安全的优势被越来越多的企业和消费者所接受。移动电子商务使企业可以直接参与零售终端市场，改变了传统的经销层级，提高了企业商品周转率，降低了投资成本，提高了投资回报率，电子商务经营模式逐步融入传统经济领域，通过线上线下的互动融合与协调发展，网络化产业进一步发展，带动传统产业转型升级。同时，移动电子商务改变消费者的消费行为，提高了消费倾向，引导消费需求，促进消费的增长。

2016 年 12 月，中华人民共和国商务部、中共中央网络安全和信息化委员会办公室、中华人民共和国国家发展和改革委员会联合发布《电子商务"十三五"发展规划》，再次强调电子产业与传统产业深度融合，助力供给侧结构性改革。①

首先，农村移动通信的普及打通了宽带建设的"最后一公里"，农村移动电子商务快速发展加快了农林产品商品化、品牌化进程，探索订单农业，加速发展精准农业，形成基于互联网的新型农业生产方式。依

① 《电子商务"十三五"发展规划》，商务部网站，http：//www. mofcom. gov. cn/。

29

托电子商务发展休闲农业、乡村旅游，积极开发农林生态、乡土文化资源价值，促进第一、第二、第三产业融合发展。[①]

其次，移动互联网的推广应用为移动电子商务平台与制造业企业全面合作提供了保障和条件，整合线上线下交易资源，拓展销售渠道，打造制造、营销、物流等高效协同的生产流通一体化新生态，拉动制造业提档升级。[②]

最后，通过创新流通企业经营模式，拓展供应链综合服务增值空间，开创以交易为核心、多种交付服务为支撑的 B2B 电子商务创新发展局面。以新一代（5G）移动通信网、下一代互联网为代表的网络技术将持续为电子商务扩展创新空间，大容量数字产品、三维位置服务、全息商品展示等应用领域酝酿新的突破。技术进步加快形成多种消费场景，促进线上线下深度融合发展，推动商贸流通业进入数字化、智慧型发展阶段。[③]

供给侧实际是问题侧，在资本、劳动与余值（A 代表科技）中，关键在科技。要把经济增长的动力从增加投资转向增加 A 即提高供给的效率（全要素生产率）。从供给侧分析得出的结论叫基于科技的增长，总之是依靠创新提高效率（吴敬琏，2016）。这可以很好地解释手机发展引起的连锁反应。唯一需要稍做补充的是，技术创新与服务创新是同样重要并相互作用的，供给侧的改革不仅要提高效率，而且要创造多样性的增值。

移动电子商务实证研究的主题绝大部分是关于交易策略的，关于理论发展的文献数量还是很有限的，针对战略方面的基本没有。这表明移动电子商务的研究热点仍停留在实证性、消费者层面上。基等（Key et al.，2015）指出，有关移动电子商务理论研究的缺少也正说明为什么这个领域在顶尖的信息系统刊物上发表的文章不是很多。

2. 移动互联网对消费的影响

由于来自移动通信和互联网技术以及家庭资本结构的变化，移动互联网越来越多地影响着居民生活和消费支付习惯，其中尤为突出的是移动支付被广泛应用。

---

①②③ 《电子商务"十三五"发展规划》，商务部网站，http://www.mofcom.gov.cn/。

移动互联网的普及和应用刺激了居民消费的欲望，实证结果表明国内生产总值和第三方互联网支付对中国居民消费都产生了正向影响（崔海燕，2016），同时各大银行、电商平台、消费金融公司、分期购物平台等也纷纷进入消费金融市场，推动消费金融发展呈现"互联网化"趋势。互联网背景下消费金融得到了新的发展，但同时对现行金融监管也提出了新挑战。随着银行卡授信支付方式使用率下降，移动支付带给消费者越来越多的便利并且逐渐成为主流的支付方式。

从阿里推出支付宝解决了网购消费的信用问题开始，互联网消费开始对传统实体消费领域持续渗透。与传统消费相比，互联网消费在业务模式、运营体系、市场环境等方面存在较大的差异（尹一军，2016）。根据前瞻产业研究院，2014～2020年，手机网络购物用户占网络购物用户的比重不断上升，至2020年手机网络购物用户规模达7.80亿，总的网络购物用户数量有7.82亿，占比已经超过了99%。因此，移动购物已经超过PC网络购物成为推动网络购物市场的第一大动力。[①] 在天猫、京东等各大电商平台的大力推动下，消费者越来越倾向于网络购物，移动购物习惯已经养成。

31

3.2　市场势力评估理论综述

3.2.1　市场势力及国内外研究现状

兰德等（Landes et al.，1981）提出市场势力是厂商对价格的控制力，即厂商的产品定价比完全竞争的均衡价格高多少，高的幅度越大市场势力越强，在制定高价的同时又不会因为销量大幅减少而使销售额蒙受大量损失，否则最终会被迫取消提价。布雷斯纳罕（Bresnahan，1989）认为市场势力存在于不完全竞争市场，当厂商具有高于边际成本定价能力的时候厂商就具有了市场势力。平狄克等（Pindyck et al.，1972）认为，市场势力是不完全竞争市场上厂商维持高价格低产量的能力。

---

① 前瞻产业研究院：《2021～2026年中国电子商务行业市场前瞻与投资战略规划分析报告》。

刘志彪（2002）突出强调市场势力反映厂商自发决定产量的能力。牟春艳（2004）提出，市场势力是使产品定价高于自身边际成本的能力。综合国内外学者的观点，我们认为市场势力意味着把价格抬高到完全竞争水平之上时仍然有利可图，因此只要价格在边际成本水平之上，厂商就可以获得超额利润。在现实中的各个行业里，由于固定成本的存在，产品又不是同质的，因此每个厂商都拥有一定的市场势力。

国外对市场势力的研究伴随着产业组织理论的发展也取得了巨大的进展。早期对市场势力的研究以传统产业组织理论为基础，通过测算企业市场份额以不同的指标间接地反映企业的市场势力，这些指标主要有：行业集中度指标（CR），常用的是四厂商集中度（CR_4）和八厂商集中度（CR_8）；赫芬达尔指数（HHI）；熵指数等指标。布雷斯纳罕（Bresnahan，1989）提倡用间接方法来推断厂商的市场势力水平。

随着新经验产业组织理论的发展，开始直接测度市场势力。豪等（Hall et al.，1988），鲁迪等（Rudin et al.，1990），布雷斯纳罕（Bresnahan，1981）以及贝克等（Baker et al.，1988）创立新产业组织实证方法，直接估计不完全竞争市场上以新古典理论为依据构建的模型的重要变量，豪（1988）直接估计了市场势力溢价，反映行业市场势力。克莱特（Klette，1999）对豪的模型改进，把研究对象从产业层次缩小到企业层次，以索罗（Solow，1956）分析宏观经济问题的新古典模型建立的生产函数运用到企业的生产领域，并对生产函数线性化处理，衡量单一企业的市场势力溢价。

汪贵浦等（2007）由于企业边际成本数据基本不可得，根据数据的可得性，通过公式代换，把勒纳指数转换成可以直接计算的形式，对中国邮政电信业的市场势力进行了评估。陈甫军等（2008）利用剩余需求法实证地测度了中国电信产业的垄断程度，发现 2008 年重组前中国电信市场仍然是不对称的寡头格局。程茂勇等（2011）发现，商业银行市场势力与成本效率的线性负相关关系、与利润效率之间的线性正相关关系是由于我国特殊的金融环境，信用风险在所有显著的变量中对成本效率和利润效率的影响都是最大的。唐要家（2012）运用主成分分析法，分析了民航市场的竞争度，指出了寡头国有航空公司存在的市场势力及其利润来源。

综合分析国内外文献看出，从市场势力评估的理论依据来看，经历了从传统产业组织理论的间接评估方法向新产业组织理论为基础直接方法的过渡与发展；评估的对象也经历了从行业层面缩小到企业层面的过程。但是，国内对市场势力的评估基本上限于行业层面或省际面板数据的运用，运用企业数据对单个企业市场势力的评估为数不多。针对电信业务种类繁多，不同业务在运营商经营中的地位有所不同。本书把市场势力评估的范围从行业层面缩小到企业层面进一步延伸到了业务层面，间接反映行业中各厂商市场势力的差异。

3.2.2 市场势力评估方法

市场势力评估的方法分为两类：一类是传统产业组织理论为依据的间接法，即测算 Lerner 指数，市场集中度系数（CR4 或 CR8），或者是HHI 指数。布雷斯纳罕提倡用间接方法推断厂商的市场势力水平。完全竞争市场的勒纳指数等于零，因为完全竞争市场上的定价原则是价格等于边际成本。可见勒纳指数越大，企业市场势力越高，市场垄断程度越高；勒纳指数越小，企业市场势力越低，市场竞争程度越高。市场势力偏高的不利影响是降低消费者福利，出现社会的纯损失，产生垄断情况下的市场失灵，"看不见的手"很难再有效发挥资源配置的基础性作用，这时候政府反垄断法作为"看得见的手"将十分有效。由此可见，政府的有关行为对企业市场势力的影响是不容忽视的。另一类是以新经验产业组织理论为依据的直接法，具体可以采取剩余需求弹性估计和 Logit 模型估计，这一方法则开始于豪。豪和布雷斯纳罕（Hall and Bresnahan，1988）创立新产业组织实证方法，直接估计不完全竞争市场上以新古典理论为依据构建的模型的重要变量，特别是豪的研究，直接估计市场势力溢价用来反映产业的市场力量。克莱特（Klette，1999）对豪的模型进行改进，把研究对象从产业层次缩小到企业层次，以索罗（Solow，1956）分析宏观经济问题的新古典模型建立的生产函数运用到企业的生产领域，把生产函数线性化处理后用来衡量企业市场势力的溢价程度。[①]

① Klette T J. Market power, scale economies and productivity: Estimates from a panel of establishment data [J]. *Journal of Industrial Economics*, 1999, 47 (4).

3.3　接入定价理论综述

网络型产业自由化浪潮自 20 世纪 80 年代兴起，学术界在许多现实问题的刺激下开始对网络型产业展开研究。罗尔夫（Rohlf，1974）研究了通信业的网络效应问题，即研究了网络中用户数量的多少对厂商发展的影响，并分析了多市场均衡的可能性以及网络效应对定价和进入障碍的影响。较早地从政策咨询角度对 接入定价进行研究的是维利格（Willig，1979），为澳大利亚的电信业接入价格管制提 供了依据。奥伦等（Oren et al.，1981）在用户效用最大化、厂商利润最大化的假设基础上分析了电子通信产业规模的"临界点"问题，是对此问题的一项实证研究。格里芬（Griffin，1982）讨论了电信领域中定价问题外部性的福利含义，并分析了电信行业的需求价格弹性问题。卡茨等（Katz et al.，1985）在其文章《网络外部性、竞争和兼容性》中正式提出了网络产业的典型特征"网络外部性"的概念。

国外对接入定价的研究领域可分为两大学派：一派是法国的拉丰、梯若尔为代表，他们的研究主要基于经济效率是理想的，主张市场零售价格由政府管制者决定，形了基于边际成本的定价理论即拉姆塞（Ramsey）定价模型。拉丰等（Laffont et al.，1994）把自然垄断性网络产业的接入定价分析延伸到非对称信息条件下该类行业的最优接入定价管制。拉丰等（1998a，1998b）拓展了先前开发的模型，进一步把接入定价和网络竞争的研究引入了新境界。拉丰等（1998a）用非管制竞争模型分析放松管制改革情况下产业不同阶段的情况，这一研究正好与欧美国家网络型产业改革进程一致，详细分析了非价格歧视互联寡头之间的竞争问题。拉丰（1998b）放松了统一定价的假设条件，允许厂商针对不同接入情况制定不同价格，即存在差别定价。结果发现，本来对消费者来讲无差别的服务因接入价格的差异出现了差别定价的情况，并且市场的竞争受到这种差别定价的严重影响。拉丰等（2000）考察了单项与双向两种不同接入价格安排下企业的不同行为对市场竞争结构的影响，并据此提出政策建议以提高社会福利水平，这一研究是建立在对前期接入定价理论研究基础之上的。另一派则是以英国的阿姆斯特朗，克里斯以及威格士为代表。他们认为拉丰等理想化的以成本为基础的定价原则所要求的条件在现实电信实践中并不具备。他们的突出贡献在于提出基础成本的接入定价是不完善的，并对微观互联行为依据自己的方法进行研究。阿姆斯特朗等（Armstrong et al.，1994）深入分析了单向接入定价对市场结构和竞争的影响，进而分析了竞争政策，指出单向接入定价的存在是因为行业中主导运营商拥有网络型产业的瓶颈资源。阿姆斯特朗等认为要实现接入服务的最优定价，可以由政府征收产出税来执行。

　　戈瑞雷（Grajek，2010）通过实证研究发现，德国移动运营商之间的兼容性是很低的，要提高社会福利需要政府监管部门实行强制的互联互通。

　　在接入定价方面，周惠中（2002）则讨论了中国电信企业在不同的纵向结构和接入定价制度下表现出的行为与效率结果。肖旭等（2002）、肖兴志等（2003）研究了纵向一体化网络的接入定价问题，提出了接入定价政策制定的目标和原则。腾颖（2006）分析了垂直一体化市场中电信业的接入定价问题，主张只对主导运营商的接入价格进行规制，完全靠市场来决定终端服务的价格，这种接入资费规制体系应该优先考虑。姜春海（2005）分析了网络产业的单向接入定价问题，并探讨这种定价方式下的竞争政策。于立等（2007）强调网络型产业的接入问题是网络产业实现有效竞争的关键因素，在位企业拥有提供服务的瓶颈资源，因为行业的拟进入者与在位企业之间存在竞争关系，在位企业可能利用拥有的瓶颈资源限制进入者的竞争。姜春海（2008）研究了网络外部性条件下有效成分定价规则，认为存在网络外部性时ECPR所确定的接入价格低于不存在网络外部性时的价格。

3.4　竞　争　政　策

3.4.1　竞争政策含义及国内研究现状

根据马西默（2004），所有保护竞争确保社会经济福利的一整套政策和法律的综合就是竞争政策。根据马西默（2004）的定义，竞争政策的目标可以反映到两个方面上：确保市场竞争和消费者或社会经济福利水平的维持，但是明显两个目标在某种情况下可能存在冲突。根据世界各国竞争政策执行实践来看，政策存在一定差别，都包括三个基本目标，一是维护市场自由公平的竞争机制，二是促进资源配置与生产效率的提高，三是增加社会与消费者福利。

国内学者魏杰（1989）从保护竞争与消除无效竞争两方面对竞争政策进行了系统分析。[①] 陈代云（2000）研究电信网络的互联、资费和非捆绑问题，借鉴国外经验深入探讨了中国电信网络规制改革。罗仲伟（2000）借鉴国外研究经验，对网络特性及网络型产业的公共政策进行了系统分析。唐晓华等（2002）信息不对称的问题要求对网络产业需要进行激励性规制改革，从激励的方式上来看，价格上限的规制方法效率最高。王俊豪（2002）分析美国本地电话竞争政策的目标、主要政策措施和实施效果并总结了对中国电信业改革的启示。王晓晔等（2003）论述了竞争政策与国际经贸活动的关系，提出 WTO 背景下抓紧制定反垄断法，注重竞争法和竞争政策的研究。谷克鉴（2000）从技术、体制、要素密集性等多个方面分析中国外贸发展如何影响竞争政策选择，认为中国现阶段竞争政策首先要改善本国企业在世界市场的地位，用竞争政策规范各层次、部门的贸易以及产业技术政策。吴汉洪等（2008）梳理了中国竞争政策的发展历程，考察了中国的反垄断政策并对中国竞争政策的未来进行了展望，提出了相应的要求。吴汉洪（2011）提出产业政策实施应该更多地依靠竞争政策，充分发挥市场机制的基础性作用，借助于企业自身实力，在逐步推动产业结构优化升级的过程中，既实现了产业政策的目标和任务，也做到了竞争政策和产业政策的协调。竞争政策研究限定在某个行业比较少。于良春等（2013）分析了中国竞争政策设计的目标，特殊性及需要解决的几个问题。

通过对研究文献的精心梳理，我们发现国内学术研究中对竞争政策的研究尽管很多，但多数是从广泛意义上来探讨竞争政策，少数对竞争政策研究还有一部分是从某一方面或某一个角度入手，而对电信业竞争政策的研究也仅限于某一业务领域，对电信业整体竞争政策的研究少之

---

① 魏杰：《竞争政策的系统分析》，载《经济学家》1989 年第 6 期。

又少，这也正是本书选题的原因和目的。

3.4.2 竞争政策发展过程

竞争政策最先发起于美国，在美国众多行业执行并取得了突出的效果，从而成为世界很多国家学习的榜样。世界各国研究美国的竞争政策以此来制定本国的竞争政策。在内容的考虑上有些是简单照搬，有些稍加改造，在实践中再逐步修订以慢慢适应本国的国情。美国的竞争政策最早可以追溯到 1890 年的《谢尔曼法》，这一法律主要是应对第一次企业合并浪潮的。由于法律颁布后并没有立即得到有效实施，因此导致这一时期因合并浪潮的影响产生了大批的行业卡特尔（Cartel）①，使市场的竞争受到严重的影响，这一局面持续到二战结束。二战后的英国及欧共体相继制定了防止垄断的一整套完整的促进竞争的政策体系。

20 世纪 90 年代，世界上许多国家对经济进行改革，许多转型国家也制定了相应的竞争政策，以反对各行业存在的垄断问题，以保护行业竞争，竞争政策的发展也进入了快车道。竞争政策的逐步发展过程符合任何新生事物的发展过程，体现出由小到大，由少到多的过程。纵观竞争政策由产生到逐步发展的过程可以看出，在设计之初，出于对当时经济现实的考虑，行业卡特尔的存在使市场的垄断程度较高，竞争程度较低，在高垄断的市场结构下厂商数量较少，每家厂商所占有的市场份额都很大，因此，只要厂商的市场份额超过某一具体标准即可以判断该厂商具有市场支配地位，这类厂商的存在将不利于行业发展和竞争公平的有效展开。因此，超过市场份额标准的厂商将会受到制裁。当时，执法者经验不足、技术分析不熟练，这种简单的判断标准易于操作。对当时的厂商来讲，不论有没有制定垄断高价，只要市场份额超标即被判违法，这种简单判断方法因其只考虑厂商地位而形成的市场结构标准，被称为本身违法原则。这一原则在当时是比较盛行的，这也与当时的实际情况相适应。随着经济学者对理论研究的加深以及对实践的认真考察，人们逐步认识到传统的市场结构决定厂商行为进而决定行业绩效的逻辑思路被质疑，美国芝加哥学派认为传统产业组织理论依据忽视了效率因

---

① 注：卡特尔即垄断组织形式之一。

素，市场结构和企业行为之间不是简单的单向因果关系。垄断会导致一定的低效率，带来社会的净损失，但是厂商效率提高会进一步提升其在市场上的竞争力，竞争力的提升对其提高市场占有率又起到了促进作用，在市场上拥有了支配地位。因此，在考察厂商市场支配地位的时候不能仅考虑市场结构因素更应该去揭示厂商可能具有的高效率。对厂商来讲搞技术研发降低成本是其内在因素，同时生存的市场环境也是至关重要的，因此厂商对市场战略像对研发一样同等重视。

受芝加哥学派的影响，1992 年，美国司法部与联邦贸易委员会联合发布《横向并购指南》，确定了并购交易反垄断审查中的五个基本步骤。第一，界定相关市场并评估集中度；第二，评估并购可能的反竞争效果即单边效应；第三，新的市场进入能否抵消反竞争效果；第四，并购可能带来的效率改进；第五，破产企业的抗辩。美国反垄断局与联邦贸易委员会在对厂商之间的并购控制审查时开始根据合并的综合效果来判断一项合并是否应该被允许。当合并产生的协同效应和效率提高超过合并带来的单边效应时，这项合并对社会来讲就是有利的，通过合并可以增加消费者和社会福利。据此，执法部门的原则从本身违法原则变成了合理推定的原则。

经济学者越来越多地开始关注企业行为的研究，而博弈论的兴起更是起到了推动作用。随着学者研究的深入加上执法部门对实践的认识越来越深刻，2010 年，美国对其《横向并购指南》进行修改。在新指南中，删除了传统的五步分析法，执法机构可以采用无须界定相关市场的损害竞争理论对拟进行的并购交易进行分析。新指南还修改了 HHI 指数的临界值，以利于执法机构方便、科学、合理地评估不同行业的并购交易，取消了安全港规则，同时更加关注并购的综合竞争效果评估。

成熟市场经济国家的竞争政策基本上都已发展成熟，而很多发展中国家的竞争政策因为两方面原因仍然存在诸多不足。一方面，"摸着石头过河"的改革过程导致竞争政策不可能一步到位；另一方面，经济学的研究整体上也落后于西方发达国家，理论研究深度不够导致对实践的指导不足。

3.4.3 竞争政策内容构成

从世界各国实践来看，竞争政策的内容主要体现在两个方面：一方面是与反垄断和规制有关的一切法律、法规构成的法律总体，另一方面是竞争政策的执行机构的设置问题。各国竞争政策中的法律、法规内容大同小异，基本上都包括以下四个方面。

第一，定义市场并对市场势力进行评估及其对社会福利的影响，依据市场势力的评估来判断厂商在市场上是否具有支配地位。由于市场势力会导致高于竞争水平的价格，进而导致福利损失；同时，生产无效率和动态无效率也可能与市场势力有关，因此，竞争政策应该关注市场势力。竞争政策执行过程中执行机构始终要明确，竞争政策的首要目标是保护竞争而不是保护竞争者。竞争确实会产生优胜劣汰的效果，使低效率厂商退出市场，但却有利于社会福利，因此，对低效率厂商的保护反而会降低社会福利。

第二，通过不同的方法甄别厂商在有市场支配地位的前提下，是否滥用市场支配地位，具体包括掠夺性定价、歧视性定价以及其他的滥用市场支配地位的行为。掠夺性定价是拥有市场势力的在位厂商为了阻止潜在进入者而制定了低于成本的价格。尽管低价格通常与较高的消费者福利和社会福利相联系，但是，掠夺性定价只是在短期内改善福利，而掠夺性定价的结果使得被掠夺者破产，而退出市场最终使掠夺者的价格再次提高，因此长期来看福利是恶化的结果。歧视性定价则是以不公平的高价销售商品或以不公平的低价购买商品，降低了消费者剩余或其他下游厂商的生产者剩余，其他的滥用市场支配还包括捆绑销售和搭售行为。识别支配性厂商的滥用支配地位行为是竞争政策领域最为棘手的问题之一，因为这些行为往往不能方便地与那些有利于消费者的竞争行为相区别。

第三，厂商之间的横向与纵向合并问题。厂商通过横向或纵向合并都可能会带来效率的提高，但是无论纵向合并还是横向合并，都会因为企业规模的扩大对竞争产生不利影响。其中横向合并会产生反竞争的单边效应，而纵向合并则会产生排斥问题，因此两种厂商合并都是竞争政策执法部门应该重点控制审查的对象。

第四，在寡头市场格局下，市场上的厂商之间可能产生串谋。串谋行为可以使厂商动用在没有串谋情况下不可能动用的市场势力，人为地限制竞争和哄抬物价，减少消费者与社会福利。寡头厂商之间通过签订横向协议把价格定到充分高以至于接近于垄断价格，共同损害消费者福利，这也是竞争政策执行部门应该小心甄别发现的。

对于竞争政策执行机构的安排问题，各国存在着差异，有的是单一机构执行，被称为一元机构单独执行模式；还有的是多元行政机构并存共同执行模式，美国是典型的代表，而世界多数国家执行的是一元机构单独执法模式。竞争政策执行机构到底应该选择单一的还是多元的，一元模式有一元模式的好处，多元模式也有多元模式的不足。具体选择一元模式还是多元模式无法"一刀切"，这与各国的历史国情有关。单从反垄断执法来看，欧盟、日本、韩国等是一元单独执法模式的代表，美国、德国则是多元共享执法模式的代表。

3.5 本 章 小 结

本章系统地介绍了通信行业竞争政策研究所涉及的理论，包括移动互联网理论，因为通信行业又属于寡头市场结构，因此包括了对市场上运营商的市场势力评估的相关理论，通信行业的运行要求用户之间的互联互通，因此又涉及运营商之间的接入定价问题。运营商之间如何在市场结构限制情况下尽可能地展开竞争，提高消费者和社会福利水平，因此，竞争政策相关理论是本书的重点部分。

第4章 移动通信业市场势力评估

4.1 中国通信行业的现状

4.1.1 通信业改革与发展过程

自改革开放以来，中国电信业至今走过了近 40 年的历程，其间既有早期的平稳发展与进步，也有 10 年后的大刀阔斧和近年来的进一步平稳前行。

以改革与发展过程中的代表性事件为分界，1978 年以来的电信业改革发展历程大致可以划分为以下几个阶段。

政企合一阶段。这一阶段是 1978 年到 1994 年，中国联通公司成立之前。在这一期间，邮电部既是行业运行的"裁判员"，又是行业"运动员"，执行政企合一高度集中的管理运营体制。

引入竞争阶段，这一阶段是 1994 年到 1998 年。1994 年，中国电信市场先后出现了中国吉通和中国联通公司，与中国电信竞争。吉通公司规模偏小，而中国联通则是在电子工业部、铁道部以及国家经贸委共同牵头下由十大股东共同出资成立，有一定的实力。中国联通的成立具有特殊意义，因为中国联通也同时经营基础电信业务和增值电信业务，从而中国电信有了实质性的竞争对手，独家垄断的市场结构被打破。1995 年 4 月，电信总局法人登记，开始在邮电行业施行政企职责分开。[1] 1997 年 1 月，

---

① 陈韬:《电信规制的法律问题研究》，中国政法大学硕士学位论文，2004 年。

邮电部开始试点邮电分营。1998 年 3 月，信息产业部成立。

分拆重组的阶段，这一阶段是 1999 年到 2008 年。1999 年 2 月，信息产业部第一次重组方案敲定为，中国电信按业务进行分拆，形成中国卫星通信、中国电信和中国移动 3 家，中国联通合并了其中的寻呼业务。[①] 2000 年 12 月，铁通公司成立，中国电信市场初步形成七雄争霸格局。2002 年 5 月，为了打破垄断，形成充分竞争，以地域为界，将中国电信再次分拆，南方信信市场仍属于中国电信名下，仍然沿用中国电信这一品牌及其附带的无形资产，北方十省与吉通公司共同组建为中国网通，见表 4 - 1。

表 4 - 1　　　　　　　　中国电信业发展与改革简表

年份	月份	大事记
1983	9	第一个模拟寻呼系统在上海开通
1984	10	邮电部实行利润一九分成
1987	11	中国第一个移动电话局在广州开通
1993	9	中国第一个移动数字电话通信网开通
1994	7	中国联通成立，标志电信业放松管制的改革开始
1995	4	国家电信总局进行企业法人注册登记
1998	3	信息产业部成立。次月，邮政、电信开始分离
1999	2	中国电信业重组方案确定为组建中国移动和中国电信
2000	9	《中华人民共和国电信条例》与《互联网信息服务管理办法》颁布
2002	5	中国电信横向切分为南方的中国电信与北方的中国网通
2008	5	中国电信业再次重组，形成三足鼎立的竞争格局
2009	1	工业和信息化部发放 3 张 3G 牌照，中国电信业 3G 时代开始
2012	6	工信部对民间资本进入电信业规定，标志电信业所有制成分改革再次启动
2013	12	三家运营商拿到 4G 经营许可证，电信市场进入 4G 时代
2014	8	电信资费改为实行市场调节价；铁塔公司专门负责移动通信基础设施建设
2015	2	中国联通和中国电信拿到了 FDD 牌照，开启它们的 4G 时代

① 陈韬：《电信规制的法律问题研究》，中国政法大学硕士学位论文，2004 年。

年份	月份	大事记
2016	11	三家运营商分别与互联网巨头签署合作协议，5G 元年，中国广电成为第四家
2017	9	三家运营商全面取消手机国内长途和漫游费（不含港澳台）
2018	12	工业和信息化部向三大运营商发布了全国范围 5G 中低频段试验频率使用许可
2019	6	4 家运营商拿到各自的 5G 牌照，电信业 5G 时代到来。携号转网正式开始

资料来源：笔者搜集整理。

全业务经营时期。2008 年 5 月新一轮的重组改革启动。原中国联通一分为二，CDMA 并入中国电信，形成新中国电信，余下的 GSM 网络与中国网通合并形成新中国联通，中国移动合并中国铁通。重组后的三家运营商都成为全业务运营商，同时经营固定通信、移动通信和互联网等业务。这次重组考虑了技术进步与业务融合，通过运营商之间实现差异化竞争以形成全业务经营的新市场竞争格局。

2008 年的重组方案延续到 2009 年才开始执行，大规模的重组再一次改变了中国电信市场的格局。重组后的三家运营商全部成为综合性全业务运营商。在基础电信业务市场上，由于移动电话的便捷和固定电话的场所约束，市场上移动电话对固定电话替代的趋势进一步加快。在运营商主营业务收入中，移动通信及附加业务的收入占比逐年上升，经过多次分拆重组，中国移动通信行业发展到今天也取得了丰硕的成果。

从表 4 - 1 可以看出，电信业经过拆分重组后进入了稳定发展时期，但随着通信技术以及互联网的快速发展，三网越来越融合，给电信业的发展带来了机遇与挑战。

2014 年，国家筹建中国铁塔公司，将中国移动、中国电信和中国联通三家公司名下的铁塔资产移交中国铁塔公司统一经营管理。中国铁塔公司全面运营以后，铁塔及相关移动通信的附属设施建设也进入到集约化、专业化、高效化发展的新阶段，有效推动了国家"宽带中国"战略和"互联网＋"战略的落地实施。人员精简的中国铁塔通过不懈努力以及技术、模式的创新，圆满完成了铁塔新建及存量资产交接任

43

务。今天的中国铁塔正在为经济高效建设 5G 设施，推进数字中国建设发挥统筹共享的作用。

2015 年 2 月 27 日，中华人民共和国工业和信息化部向中国联通和中国电信发放了 FDD 牌照。中国移动则得益于政府对 TDD 的政策保护，当年 4G 用户即占到国内运营商 4G 用户份额的 70%。[①] 中国电信和中国联通则苦苦挣扎，从而导致两家运营商网络合作向深度发展，这次长达 1 年 2 个月的政策保护使得中国移动继续保持移动市场一家独大的局面，对中国电信市场的格局产生了深远影响。2015 年电信行业同时经历了用户实名制和提速降费的变革，移动运营商的利润空间进一步降低。

2016 年电信业发展中的热点问题是电信运营商与互联网公司展开广泛合作，开启移动互联网的新时代，推动移动互联网快速发展。其中变革步伐最快的当属中国联通。中国联通于 2016 年初与腾讯签署战略协议，约定双方在基础通信服务基础上加强互联网 + 与创新业务方面的合作。[②] 11 月又先后与百度公司、阿里巴巴公司签署战略合作协议，共同加快推进移动互联网时代下的企业变革与发展。紧随其后中国移动也展开与阿里巴巴的进一步合作。在当今移动互联网的新形势下，"BAT"等互联网公司与电信运营商结合，可以借助运营商的众多优势资源，运营商也可以依托互联网公司，充分调用其强大的创新基因。事实证明，正是这种开放心态，才实现了双赢的局面。同时，本年度三大运营商加快布局物联网，由于物联网自身体量大、碎片化的缺点，导致了规模小、难运营、成本高。对于三大运营商来说，海量链接的物联网是最理想的市场蓝海，谁能率先解决碎片化应用导致的无序和低效率将在未来物联网中占据优势地位。2016 年也是中国的 5G 元年，5G 的开启成为当年电信业的发展热点。中国移动的有线宽带近几年也飞速增长，早在 2016 年 10 月就甩开了中国联通，然后一路追赶中国电信。经过两年时间的发展，不但远远拉开了与中国联通的距离，而且在 2018 年 9 月，中国移动超越中国电信成为中国第一大宽带运营商。[③] 中国移动的手机电话用户规模一直稳居第一，而国内有线宽带市场一直都是中国电信在

---

① 资料来源：中国移动、中国电信和中国联通 2015 年年报。

② 邹乾：《联通"去电信化"：携手腾讯发展互联网业网》，通信世界网，2016 年 3 月 18 日。

③ 潘福达：《中国移动成宽带第一大运营商》，新华网，2019 年 4 月 3 日。

领跑。自获得固网牌照后，中国移动不断加大宽带建设和业务推广力度，经过将近五年时间的发展，终于拿下了国内宽带市场的头把交椅。中国移动宽带备受用户追捧得益于其在资费价格上的超强竞争优势，尤其是以"38 元流量套餐免费赠送宽带"等名头为代表的各种免费策略直接瓦解了友商构筑的竞争防线，这也带动"宽带中国"战略、宽带领域"提速降费"政策的实施。用户在"少花钱多办事""花一份钱办多件事"的驱使下，作出理性经济人的选择，尽管当时中国移动的宽带服务还没有像中国移动的电话服务那样领先。

中国移动克服各种困难并通过上下各个层级全方位的努力，成为国内通信市场上的双料冠军当然可喜。作为超级玩家，中国移动的强势入场，既推动了国家"宽带中国"战略和"提速降费"决策的快速实施，又切实提升了用户获得感，然而中国移动也面临宽带收入提升的难题。在各种优惠，甚至免费赠送等营销政策的大力支持下，中国移动宽带用户规模快速提升，然而除了收获的固网宽带市场老大的地位外，还有宽带客户价值提升和宽带收入增长的困惑。低价使得中国移动的用户大幅度增加，但也导致宽带收入增长乏力。在与宽带直接相关的家庭市场业务和产品创新乏力的情况下，中国移动为保持宽带行业第一而努力获取增量用户的付将会持续，要维持现有规模庞大的用户群着实不易。在这个过程中，中国电信和中国联通的日子也不好过。经济学的规律证明，只有不断地创新技术和产品，才能够持续地为用户创造价值，否则用户得不到新的价值，企业也就只能在同质化的性价比上竞争。未来固网宽带业务何去何从，创新将是唯一的出路。

2018 年电信业热点是在 7 月，工业和信息化部向首批 15 家企业颁发了移动通信转售业务经营许可，其中多数属于前期的试点企业。[①]经过五年的大范围试点，虚拟运营商从试点走向商用，步伐真正加速。配合虚拟运营商的业务发展，正式发牌两天后，工业和信息化部向中国联通和中国电信发放了 167 和 191 新号段。[②] 电信业移动转售进程加快。

2019 年 5G 正式商用，三大运营商在 11 月先后发布 5G 套餐，同时

---

① 工业和信息化部信息通信管理局，https：//www. miit. gov. cn/，2018 年 7 月 23 日。
② 《电信网码号资源使用证书》颁发结果公示（2018 年第 1 批），工业和信息化部信息通信管理局，https：//www. miit. gov. cn/，2018 年 8 月 9 日发布。

全国范围携号转网正式启动。①

2020 年 10 月 12 日，中国广电网络股份有限公司在北京正式挂牌成立，成为国内第四大运营商。按照规划，该公司业务重心在于运营广电特色的 5G 业务，整合升级全国有线电视网络。② 广电股份于 9 月 25 日正式注册，注册资本 1012 亿元，由中国广电、各地省网、阿里、国家电网等 46 家发起方组建，其中，中国广播电视网络有限公司为第一大股东，持股 51%（见表 4-2）。中国广电通过发行 192 号段切入 5G 通信领域。由于和中国移动共建共享基站，所以中国广电的手机用户既可以使用广电自建 5G 基站，也可以使用中国移动的基站。中国广电股份成立后建立了有线电视网络和 5G 建设统一运营的管理体系，推动全国有线电视网络的升级改造。

表 4-2　　　　　　　　　　　广电网络资本结构

序号	主要股东	出资额（万元）	持股比例（%）
1	中国广播电视网络有限公司	5161254.67	51
2	国网信息通信产业集团有限公司	1000000.00	9.88
3	杭州阿里巴巴创业投资管理有限公司	1000000.00	9.88
4	广东广电网络发展有限公司	622619.66	6.15
5	北京北广传媒投资发展中心有限公司	38937.03	3.85
	合计	8173181.36	80.76

资料来源：歌华有线 2020 年 8 月 26 日公告。

2020 年 8 月 18 日，国家广播电视总局广播电视规划院副院长冯景锋在中国广电 5G 大会上介绍，未来广电 5G 业务有三个方面：一是传统业务；二是面向垂直行业的 5G 应用；三是高清视频业务。③

――――――――――

① 严玉洁：《中国正式启动 5G 商用，三大运营商发布 5G 套餐》，中国日报网，2019 年 10 月 31 日。

② 中国广电网络股份有限公司揭牌仪式完成，正式与国家电网、阿里巴巴签约，资料来源：广电网，2020 年 10 月 12 日。

③ 中国广电 5G 大会，2020 年 8 月 18 日线上会议。

4.1.2　移动通信业务的技术与经济特征

移动通信是因为通信的终端设备可以随意变动位置，完整的移动通信系统由用户、基站、移动交换局组成。移动通信双方通话时，由交换局接受主叫的呼叫并全网搜索被叫，然后为被叫分发信道实现两者通话。移动通信业自 20 世纪 70 年代以来一直以惊人速度发展，对人类生活和社会发展产生了重大影响，称为带动全球经济发展的引擎。技术进步，使得移动通信的优点越来越强，这种通信方式越来越受欢迎，从而在通信领域中出现了移动通信对固定电话通信的快速替代，甚至农村的老百姓也都出现了撤掉固定电话改用手机的局面，使得电信业中中国电信与中国联通的固定电话用户急剧减少，移动终端设备与互联网的结合使得移动通信业发展更是势不可挡。

网络产业使行业内生产者或消费者处于不同节点，所有节点借助于一定方式联系起来，单个生产者或消费者的利益取决于该行业内所有节点的数量。典型的网络产业由产品和服务的生产厂商、网络设施及终端用户三个部分构成。如果网络型产业中产品和服务的生产商或供给商同时还经营网络设施，那么这种产业模式被称为垂直一体化厂商；反之，如果产品和服务的生产商或供给商与网络设施经营者为不同经营主体，则这种厂商被称为独立厂商。对网络型产业进行分析时必须考虑各方面的特征，包括技术、经济、网络等方面特征。按照供给方式划分，网络产业结构主要有以下几种：纵向一体化和垄断；纵向一体化厂商；纵向分离和上游、下游竞争；联合持股；网络设施竞争。

电信业属于典型的网络型产业，既有各项服务提供的运营商，又有基础网络设施，还有终端消费者，对消费者来讲具有显著的网络正外部性，其中移动通信业务领域更是具有典型的网络经济特性。

如图 4-1 所示，移动通信网络的本地通信和长途通信分别与本地电话网、长途电话网相同，主要区别在于移动通信网络中基站之间、基站与用户之间以及用户与用户之间不需要铜缆或光缆，这就极大地降低了有线对用户以及基站之间联系的约束。但是，由于用户没有了线缆的约束，移动范围急剧扩大，从而需要运营商广布基站，因此发生的网络成本也急剧增加。从而可知，网络覆盖面越大，需要的基站越多，运营商的成本投入越大。因此，移动通信具有典型的点与点相连，由点到面的网络型特征。①

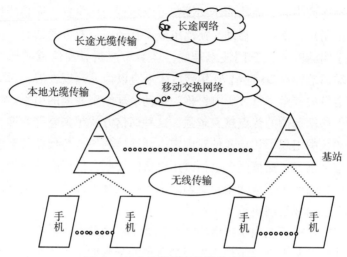

图 4 – 1 移动通信网络的技术特征

当前三大运营商的基站在很多方面存在着差异性。第一，中国移动运营的是 GSM 和单通道信号传递 TD – LTE 网络，中国联通和中国电信是 GSM 与双通道信号传递的 FDD – LTE 网络；第二，三大运营商的铁塔基站高度差别不大。

移动通信产品除了具有一般商品特性，还具有其特殊性质。首先，其边际成本接近零。用户越多，通话时间越长，平均固定成本就会越低。其次，移动通信产品具有不可储存性，产品的生产与消费同时进行。最后，在电信市场上，运营商很难根据沉淀成本对产品进行定价。

移动通信与其他通信方式相比较，不受地域限制，方便快捷，消费者可以随时随地通话，在当今移动互联网发达的时代，借助于移动社交平台，用户沟通更加便捷。由于运营商在发展战略上重视移动通信的发展，把更多的资金安排在移动网络建设中，形成移动通信能力的大幅度提高。随着网络的普及及接入越来越便捷，中国移动通信伴随着三网融

---

① 彭英：《我国电信价格规制的理论与实证研究》，南京航空航天大学博士论文，2007 年。

合的发展继续保持高速发展，手机从高档消费品变为一般普通消费品，用户数目持续增加。[①]

4.1.3 移动通信技术标准

移动通信系统从第一代移动通信系统（1G）开始逐渐发展，目前已经发展到第五代移动通信系统（5G），2020 年 5G 已经开始商用。

第一代到第五代移动通信技术标准，主要差别在于传输速率、传输质量、业务类型、传输时延以及切换成功率角度的技术实现不同。从 20 世纪 80 年代第一代移动通信开始到 2020 年第五代移动通信正式商用，大约每 10 年经历一代。

1. 第一代移动通信技术（1G）

第一代移动通信系统是模拟蜂窝移动通信，这也就是第一代移动通信开始的，因为模拟信号传输并且频率复用度和系统容量低，因此第一代移动通信的抗干扰性能差，只能进行语音传输，信号覆盖面小而且不稳定，语音清晰度低，并且经常出现串号、盗号的现象。1G 主要有美洲的高级移动电话系统（AMPS）和欧洲的总接入通信系统（TACS）。在 20 世纪 80 年代初，中国的移动通信产业还是空白状态，1987 年才正式启用蜂窝移动通信系统，这也成了中国移动通信开端的标志。中国当时是跟随欧洲使用 TACS。[②]

2. 第二代移动通信技术（2G）

第二代移动通信技术加入了时分多址、码分多址等技术，并且用数字传输取代模拟传输，使得通讯时抗干扰能力大大增强。第二代移动通信技术为 3G 和 4G 奠定了基础，因为它开启了数字网络时代，并改造了空中接口的兼容性，使手机在开展语音、短信业务之外，还可以更有效率的接入互联网。2G 主要的制式也是两个，一是欧洲电信标准化协会（ETSI）的 GSM，二是美洲的美国通信工业协会（TIA）的 CDMA

① 孔淑红：《中国电信业市场竞争格局、竞争策略及发展对策》，载《经济评论》2004 年第 5 期。
② 张丹霞：《浅析移动通信系统的演进》，载《工厂时代周刊》论文专版（第 317 期）。

IS95/CDMA2000 1x。[①]

代表性终端设备包括诺基亚 7110，支持 WAP，支持互联网接入。第二代移动通信技术的缺点是传输速率低，网络不稳定，维护成本高。

前两代移动通信系统，完全是各个国家和地区的通信标准化组织自己制定协议，并没有统一的国际组织做出明确定义。

3. 第三代移动通信技术（3G）

针对第三代移动通信标准，国际电信联盟（ITU）早在 1985 年就提出了国际移动通信系统 2000 标准（IMT - 2000），要求符合 IMT - 2000 要求的才能被接纳为 3G 技术。ITU 向全世界征集 IMT - 2000 标准，许多国家和地区的通信标准化组织都提出了自己的技术，欧洲的 ETSI 和日本的无线工业及商贸联合会（ARIB/TTC）提出了关键参数和技术大致相同的 WCDMA 技术标准；美国的 TIA 组织也提出了 CDMA - 2000 技术标准；中国当时的 CWTS（现为 CCSA）也提出了 TD - SCDMA 技术标准，与来自 ETSI 的 UTRA TDD 进行了融合，完成了标准化。所以全球主流的 3G 技术标准主要是 WCDMA、CDMA2000 EVDO、TD - SCDMA 这三个。[②]

中国在 2009 年初颁发了 3 张 3G 牌照，包括中国移动的 TD - SCD-MA、中国电信的 WCDMA2000 和中国联通的 WCDMA，其中的 TD - SC-DMA 是中国自主研发的第三代移动通信技术标准。

3G 的 CDMA 技术频谱利用率和速率都大幅度提高，大大推动了 internet 应用的发展，同时结合多种多址技术，响应速度提高，降低了时延。代表性终端设备包括苹果、联想、华硕各自推出平板电脑。3G 移动通信技术的突出优点是通信质量好、频率规划简单且复用系数高、系统容量大、抗多径能力强。

4. 第四代移动通信技术（4G）

第四代移动通信技术也是由国际电信联盟提出了需求。4G 标准主要由两个组织制定，一个是 3G 组织，代表多数运营商、通信设备制造商等，推出了 LTE/LTE - Advanced 技术标准；另一个是 IEEE 作为一个 IT 组织，推出了 Wierless MAN - Advanced 技术标准。美国的高通公司

---

① 张丹霞：《浅析移动通信系统的演进》，载《工厂时代周刊》论文专版（第 317 期）。
② 黄海丹：《无线通信技术发展与展望》，载《现代工业经济与信息化》2017 年第 7 期。

和以其为首的3G2组织在4G时代也投向了LTE。

2013年12月，中华人民共和国工业和信息化部向中国移动、中国电信和中国联通三家运营商发放4G牌照，开启了中国的4G时代。[①] 中国的4G采用的是自主研发的TD-LTE技术标准，在2016年6月已建成全球规模最大的4G网络系统。

与3G相比，4G中应用最广泛的LTE发生了以下几方面的改变。首先，4G网络更加扁平化，时延降低，用户感受提升。其次是，4G产生了对大频谱带宽的需求，使得频谱资源变得稀缺，就出现更多频段被使用的局面。代表性终端设备包括安卓（Android）、苹果（iOS）、Windows移动设备等。4G也不是完美的，不仅覆盖范围有限，数据传输时延问题也突出。

5. 第五代移动通信技术（5G）

5G技术标准IMT-2020也是由国际电信联盟负责监督制定，该技术支持每平方公里100万个设备、1毫秒延迟以及每秒20G峰值的数据下载速度。[②] 因此，5G的突出优势在于大容量、低延时、速度快。当前5G移动终端设备厂家众多，以中国华为、中兴通讯、三星、诺基亚等厂家为主提供5G智能手机。

在2019年6月，工业和信息化部给中国移动、中国电信、中国联通和中国广电四大基础电信业务运营商发放了5G牌照，[③] 第五代移动通信技术正式投入商用，5G商业服务应用范围广泛，包括物联网、车联网、智慧医疗、智慧教育、VR/AR、工业4.0等关键应用，将驱动连接、人工智能、云计算、行业应用等产业升级，形成新业态、新模式和生态链。

4.1.4　中国移动通信行业发展现状

重组后的三家运营商同时经营移动通信业务。其中，中国电信前身

---

① 工业和信息化部发放4G牌照，工业和信息化部，www.miit.gov.cn，2013年12月4日。

② 华为官网：3GPP5G技术正式成为国际电联ITVIMT—2020 5G技术标准，国际电信联盟7月10日远程会议。

③ 工业和信息化部向四家企业发放5G牌照，工业和信息化部信息通信管理局，www.miit.gov.cn，2019年6月6日。

是 2002 年中国电信南北切分后的南方部分，北方成为中国网通，双方可以深入对方地域开展业务。中国移动是电信业第一次拆分后于 2000年 4 月 20 日成立。目前，中国移动资产规模过 1.7 亿元，拥有全球第一的网络和客户规模，注册资本 3000 亿元人民币[①]，2012 年跃居全球最大电信运营商，2019 年底中国移动客户规模达到 9.5 亿。[②] 中国联通最早前身是 1994 年成立，2008 年 10 月中国联通与中国网通合并重组，同时，公布了新公司标识和名称，明确新公司的战略发展方向。中国联通是一家能提供全面电信基本业务和各项增值业务的综合性电信运营商。2014 年，中国广电网络公司成立，2016 年中国广电拿到工业和信息化部颁发的《基础电信业务经营许可证》，成为第四家基础电信业务运营商。

1. 移动通信总体发展状况

随着技术进步，中国的移动通信行业领域更是取得了突飞猛进的进步。截至 2019 年底，移动电话总数达到 16 亿户，其中，4G 用户总数达到 12.8 亿户，移动电话用户普及率达 114.4 部/百人，比 2018 年末提高 2.2 部/百人，见图 4－2。根据 2019 年通信业统计公报，全国已有

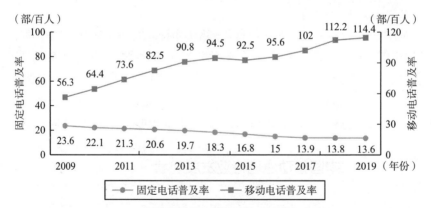

图 4－2　移动电话普及率、固定电话普及率数据

资料来源：2019 年通信业统计公报。

① 资料来源：中国移动通信集团有限公司介绍，中国移动官方网站。
② 资料来源：中国移动 2019 年年度报告。

26 个省市的移动电话普及率超过 100 部/百人，[①] 到 2020 年底，除了安徽、湖北、湖南和西藏几个省份外，其余省份移动电话普及率大幅提升，[②] 见图 4 – 3。

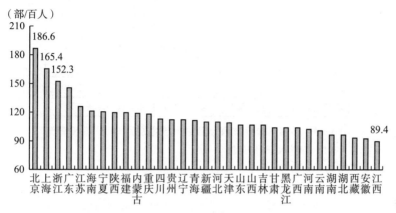

图 4 – 3　2019 年各省移动电话普及率情况

资料来源：2019 年通信业统计公报。

2. 移动数据流量的消费规模稳步提升

移动互联网流量消费增长较快，月户均流量（DOU）稳步提升。线上线下服务的融合创新活跃，各类互联网应用快速下沉，使移动互联网接入流量消费保持较快增长。2019 年达到 1220 亿 GB，比上年增长 71.6%。全年移动互联网月户均流量达到 7.82GB/户·月，是 2018 年的 1.69 倍（见图 4 – 4）；12 月当月 DOU 高达 8.59GB/户·月（见图 4 – 5）。其中，手机上网流量达到 1210 亿 GB，比上年增长 72.4%，在总流量中占 99.2%。[③]

---

① 2019 年通信业统计公报。

② 《2020 中国通信统计年度报告》，人民邮电出版社 2020 年版。

③ 资料来源：2019 年通信业统计公报。

图 4 - 4　2014～2019 年移动互联网流量及月 DOU 增长情况

资料来源：2019 年通信业统计公报。

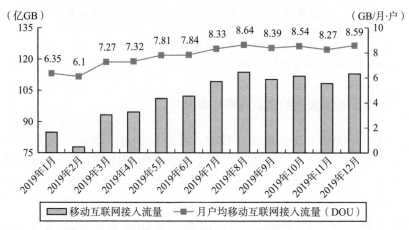

图 4 - 5　2019 年移动互联网接入当月流量及当月 DOU

资料来源：2019 年通信业统计公报。

3. 移动话音业务量小幅下滑短信业务量却快速增长

网络安全服务的不断渗透，大幅提升了移动短信业务量。2019 年，全国移动短信业务量增速比上年提高了 23.5%，业务收入完成 392 亿元，与上年持平（见图 4 - 6）。

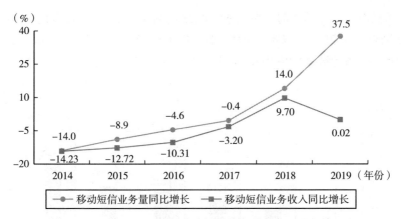

图 4 - 6　2014~2019 年移动短信业务量和收入增长情况

资料来源：2019 年通信业统计公报。

受互联网应用替代作用的影响，2019 年，全国移动电话去话通话时长比上年下降 5.9%，总时长为 2.4 万亿分钟（见图 4 - 7）。

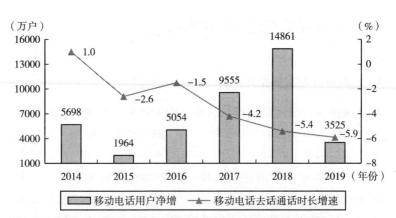

图 4 - 7　2014~2019 年移动电话用户和通话量增长情况

资料来源：2019 年通信业统计公报。

4. 移动通信网络基础设施建设快速增长

2019 年，三家基础电信运营商与中国铁塔公司共同推动 5G 相关固定资产投资，投资额比上年增长 4.7%。其中，移动通信投资稳居电信投资的首位，占全部投资的比重达 47.3%。2019 年，全国净增移动电话基站 174 万个，总数达到 841 万个，4G 基站总数达到 544 万

55

个（见图4-8）。同时，5G网络建设顺利推进，多个城市已经实现5G网络连续覆盖重点市区的室外，并实现展览会、重点商圈、重要场所、机场等区域的室内覆盖。①

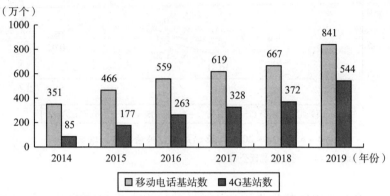

图4-8　2014~2019年移动电话基站发展情况

资料来源：2019年通信业统计公报。

4.1.5　移动通信市场发展格局

1. 三大运营商发展差异

移动通信领域市场结构现状表明，由于技术快速进步，伴随着中国联通和中国电信市场占有率的持续上升，前些年中国移动一家独大的局面有所缓解。但是从存量上来看，三家移动运营商之间仍存在着严重的不平衡。2019年底，中国移动的移动用户数量达到9.5亿户，中国联通的移动用户数量为3.18亿户，而中国电信的移动用户数量最少，仅为3.36亿户，分别占到市场份额的59%、21%和20%，与重组之初的2009年相比，中国移动市场份额下降了13%左右，中国联通基本没变，而中国电信则上升了13%左右，见表4-3、图4-9。②

---

① 资料来源：2019年通信业统计公报。

② 资料来源：中国移动、中国电信和中国联通相应年度运营数据。本部分所用数据皆来自于中国移动、中国电信和中国联通相应年度、季度和月度运营数据。

表 4 – 3　2009 年、2014 年及 2019 年三家运营商移动用户占比差异　单位：%

年份	中国移动	中国电信	中国联通
2009	72	8	20
2014	62	15	23
2019	59	21	20

资料来源：中国移动、中国电信和中国联通相应年度运营数据。

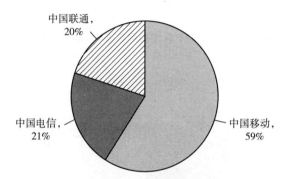

图 4 – 9　2019 年底三家运营商移动市场份额比较

　　从增量上来看，三家移动运营商向着均衡方向发展。新增移动用户向中国移动集中的趋势在最后一次重组后有所放缓，甚至从 2011 年 8 月开始，中国移动新增用户的市场份额逐月回落。中国电信的新增移动用户市场份额稳步上升。

　　从 3G 用户发展来看，由于在 2009 年同时起步，3G 渗透率都继续提高，开始的用户份额相对比较均衡。

　　截至 2013 年底，中国移动 3G 用户达到 1.92 亿；中国联通的 3G 用户为 1.23 亿；中国电信的 3G 用户数为 1.03 亿。从 3G 用户比例上来看，三家运营商从 3G 之初的相对均衡占比（42.39%、27.92%、29.69%），见图 4 – 10。发展到 2 年后的 46%、29% 与 25%，见图 4 – 11，差距有所拉大，表现为中国移动和中国联通占比有所上升，而中国电信占比明显下降。

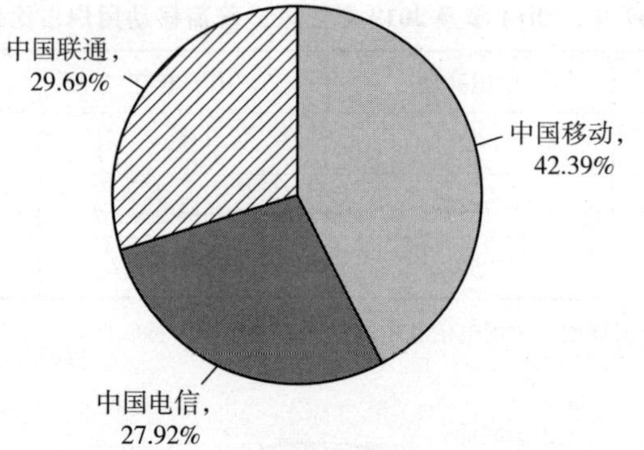

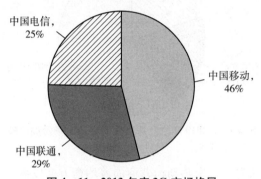

图 4 – 10 2011 年 9 月三大电信运营商 3G 用户市场份额比较

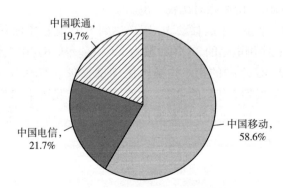

图 4 – 11 2013 年底 3G 市场格局

2019 年是中国电信业 5G 元年，4 家运营商都拿到了各自的 5G 牌照。截至 2019 年底，各运营商的 4G 用户格局仍然体现出中国移动领先的局面（见图 4 – 12）。

图 4 – 12 2019 年底 4G 市场格局

2. 5G 以来通信行业新格局

以如今中国移动在 4G 市场上的表现可以看出，经过 10 年的发展，中国移动在移动通信市场霸主地位更加稳固，三家运营商在 4G 市场的格局再次呈现不对称寡头格局。

根据表 4-4，从移动用户、4G 用户、5G 用户、有线宽带用户等多个指标来看，中国移动在三大运营商中继续保持领先地位，力量最弱的要数中国联通。2020 年，中国联通的移动用户流失 1266 万，同时在有线宽带业务上也与中国移动和中国电信之间的差距越来越大。需要说明的是，中国联通自 2021 年 1 月开始不再单独公布 4G 用户相关数据，而 5G 用户数据则是在 2019 年 11 月至 2020 年 12 月间与 4G 用户合并统计，自 2021 年 1 月开始单独公布 5G 用户。中国电信则自 2020 年 12 月不再单独公布 4G 用户。

表 4-4　　　　　　　　　　　2020 年底运营商数据

类别	中国移动	中国联通	中国电信
移动用户数	9.42 亿	3.058 亿	3.51 亿
全年新增	-835.9 万	-1266.4 万	1545 万
4G 用户数	7.75 亿	2.7 亿	未公布
全年新增	1729.2 万	1641.5 万	未公布
5G 用户数	1.65 亿	未公布	8650 肆
全年新增	1.625 亿	未公布	8189 万
有线宽带用户数	2.1 亿	8609.5 万	1.585 亿
全年新增	2328 万	261.7 万	540 万

资料来源：中国移动、中国联通和中国电信 2020 年底运营数据，运营商官网。

除了 5G 用户，在其他多个用户指标上，三大运营商也出现了分化。

如表 4-4 所示，在移动用户数上，中国移动 2020 年底用户数为 9.42 亿，全年流失 835.9 万用户；中国联通 2020 年底移动用户数为 3.058 亿，全年流失 1266.4 万用户；而中国电信则在 2020 年保持了移动用户数的正增长，全年新增 1545 万，2020 年底移动用户总数达到

3.51亿用户,中国电信成了三大运营商中的唯一赢家,而中国联通的用户流失最为严重,这与携号转网也有一定的关联。2019年11月,中华人民共和国工业和信息化部召开携号转网启动仪式,携号转网正式在全国提供服务。而中国电信毫无疑问成为携号转网的最大受益者。

在4G用户数方面,中国移动2020年全年新增1729.2万,总数达到7.75亿;中国联通2020年全年新增1641.5万,总数达到2.7亿;中国电信则不再公布4G用户数。

在宽带用户数方面,中国移动2020年全年新增2328万,总数达到2.1亿;中国联通宽带用户全年新增261.7万,总数为8609.5万;中国电信宽带用户全年新增540万,总数为1.585亿。

整体来看,在移动用户数、5G用户、宽带用户等多个数据上,中国移动保持一家独大的优势,中国电信在多个数据上保持正增长,并且是唯一一家各类别用户数均保持增长的运营商,而中国联通的发展策略则导致其在多个数据上落后于中国移动与中国电信。[1]

3. 移动通信领域资费模式与资费标准

中国移动电话的资费标准一直符合1996年文件规定,其中全球通业务基本月租费每月50元,基本通话费和漫游通话费分别为每分钟0.4元和0.6元。1997年,国务院批复同意中国联通的移动电话资费标准可以在国家规定的基础上上下浮动10%。[2] 资费的优惠本身就意味着中国联通可以以资费优势争取到更多的用户,扩大在市场上的占有率。2000年,中国移动的神州行预付费业务得到信息产业部批准,取消月租费,基本通话和漫游费比全球通每分钟高0.2元。这又是移动通信领域资费标准的又一次大调整。

2001年2月,信息产业部批准了中国移动的7种移动电话资费套餐方案,[3] 运营商之间展开了资费价格战。2001年7月1日起,3G业务开展后,伴随业务的开展三家移动运营商都推出了各种各样的移动资费套餐。首先对移动的双向收费动刀。2007年全国很多地方移动电话出现了

---

① 张俊:《三大运营商2020年成绩单:5G用户超2.5亿移动独大联通严峻》,载《新浪科技》2021年1月。

② 李海波:《我国电信资费规制问题研究》,西南交通大学博士论文,2006年。

③ 信息产业部关于移动电话资费"套餐"的批复,2001年2月22日。

变相的单向收费。2011 年 10 月 1 日起中国电信用户享受在全国 31 个省区市范围内免费接听服务。中国电信的单向收费措施成为移动市场的竞争利器，确实使中国电信的各方面营业指标有所上升。2011 年工业和信息化部部长李毅中表示，移动通信服务的单向收费是未来的发展趋势。2014 年 5 月电信条例修订后，三家运营商有了自主决定电信服务资费的权利。

在中国移动通信市场领域里，由中国电信单向收费引领的通信市场竞争，已领先拉开了移动通信市场竞争的序幕；新的市场竞争格局随着技术进步、手机 3G 时代的到来发生了巨大的改变。

从 2001 年 7 月 1 日起，一些政府性基金项目被取消，其中包括移动电话入网费，这使得移动电话资费就剩下了基本月租费、通话费和漫游费三部分。2014 年 1 月 28 日开始，工业和信息化部取消电信业务资费标准审批。[①] 随后，当年 5 月《电信条例》修订。

提速降费是中国移动、中国电信、中国联通三大运营商提高网速、降低资费的改革。2015 年 5 月 13 日，李克强总理明确提出促进提速降费的五大具体举措。其中包括鼓励电信企业尽快发布提速降费方案计划，使城市平均宽带接入速率提升 40% 以上，推出流量不清零、流量转赠等服务。[②]

2017 年 3 月 5 日，李克强总理在《政府工作报告》中再次提及，网络提速降费要迈出更大步伐，当年内全部取消手机国内长途和漫游费，大幅降低中小企业互联网专线接入资费，降低国际长途电话费，提速降费继续进行，让企业广泛受益、群众普遍受惠。[③] 当年 6 月，三家运营商全面取消手机国内长途和漫游费（不含港澳台）。

2021 年 4 月 19 日，在国务院政策例行吹风会上，工业和信息化部副部长刘烈宏代表工业和信息化部介绍了网络提速降费成效，一方面固定宽带和移动宽带双双迈入千兆时代，建成了全球规模最大的宽带网络基础设施，同时实现了农村与城市"同网同速"；另一方面，与五年前相比，固定宽带单位带宽和移动网络单位流量平均资费降幅超过 95%，2020 年下半年至今，随着 5G 建设发展进程加速，移动网络单位流量资

---

① 国务院关于取消和下放一批行政审批项目的决定，2014 年 1 月 28 日。

② 种卿：国务院再促宽带降费提速，新方案最快明日发布，中国新闻网，2015 年 5 月 14 日。

③ 2017 年政府工作报告，中国政府网，www.gov.cn。

费又下降了超过 10%。另外，移动通信用户月均使用移动流量从 2015 年初的 205M 提升到 10.85GB，提升了 40 多倍。[①]

我国移动互联网的应用发展十分蓬勃，丰富的手机应用给人们生活带来巨大变化。"提速降费"这项措施，进一步释放了我国移动互联网的发展红利，促进了通信业的快速发展，发挥了通信行业对国民经济各行业的推动作用。

4.2 5G背景下通信行业推动
支撑数字经济融合加速

本轮新技术革命开始于 20 世纪中期，以微电子技术为基础，以信息技术、新材料、生物工程和新能源技术为先导，带动了计算机、海洋开发和空间技术等一系列新技术的飞跃发展。这次技术革命的特点是知识和技术高度密集、新技术和产业以群体形式出现、发展速度快，至今已对经济和社会的各个领域产生了广泛而深刻的影响，伴随新技术革命的推进，经济结构中产生了大量的新业态、新模式，最亮眼的是数字经济。

4.2.1 5G为依托的数字化经济融合

平卫英、张雨露在《健全数字经济统计核算体系》中提到，数字经济整体包括内核与外延，其内核对应着数字经济基础产业，而外延则对应着数字经济融合产业。[②] 所谓的数字经济基础产业实际上指的是为数字经济与实体经济融合提供支持性的物质条件，包括数字经济基础设备及其维修服务，电信与卫星传输服务，互联网服务和软件以及信息技术服务等。而数字融合产业的发展则会通过产业数字化转型使生产效率提高、经济结构优化、经济运行机制更为高效进而激发经济增长新动

---

① 《国务院政策例行吹风会：网络提速降费政策有关情况》，中国网，http://www.china.com.cn/，2021 年 4 月 19 日。

② 平卫英、张雨露：《健全数字经济统计核算体系》，载《中国社会科学报》2021 年 3 月 31 日。

能。中国"十四五"规划明确提出要"加快数字化发展，打造数字经济新优势，协同推进数字产业化和产业数字化转型，建设数字中国"，世界各国也在不断加快数字经济战略部署的步伐。当前数字基础产业发展日新月异，但在加快实现数字经济与实体经济融合的过程中存在诸多的障碍，减缓了产业数字化转型的步伐，障碍表现为数字基础产业中的提供支持的技术和创新已经具备，关键的一环在于技术如何落地到应用上。数字经济与传统实体经济融合的障碍表现在以下几个方面。

（1）数据要素市场尚处于萌芽阶段，数据的确权、交易和流通等环节缺乏相关制度保障。在数字经济时代，数据成为新兴生产要素，而这类要素的生产过程又不同于传统生产要素，人人都是数据的生产者和需求者。早在 2017 年 12 月，中共中央政治局集体学习时就明确提出，在互联网经济时代，数据是新的生产要素，是基础性资源和战略性资源，也是重要生产力。[①] 当前，我国要素市场化配置水平仍然偏低，使得传统生产要素配置效率低，存在资源浪费的现象。中国宏观经济研究院常修泽教授提出中国经济改革上半场是商品市场化改革，商品市场化程度已达到 97%，而下半场针对要素市场领域的市场化改革距离目标实现还很遥远，有些领域甚至还没有"破题"。[②] 针对数字经济的发展，新出现的数据要素在市场化配置方面更是落后于实践，这将严重阻碍产业数字化转型，降低数字经济与实体经济融合的步伐。

（2）传统产业数字化转型存在壁垒。产品和要素市场的供需之间缺乏信息沟通，从而导致了产品和要素市场上结构性失衡的出现。国家统计局 2020 年国民经济统计公报显示，在三大产业结构中，第三产业增加值占国内生产总值的比重为 54.3%，比上年提高了 1 个百分点。在服务业中，信息传输、软件和信息技术服务业增加值为 37951 亿元，增长 16.9%，金融业增长 7%，房地产业增长 2.9%，交通运输、仓储和邮政业增长 0.5%，[③] 支撑数字经济发展的信息传输、软件和信息技术服务业依旧保持了 2019 年的增长势头，继续走在了行业前列，数字经济对实体经济的融合作用越发突出。消费性服务业因其劳动密集，产业

---

① 《习近平主持中共中央政治局第二次集体学习并讲话》，新华社，2017 年 12 月 9 日。

② 常修泽：《关于要素市场化配置改革再探讨》，载《改革与战略》2020 年第 9 期。

③ 中华人民共和国 2020 年国民经济和社会发展统计公报，国家统计局，http://www.stats.gov.cn/。

附加值低的特征走在了产业数字化的前端，而农业和工业领域的数字化明显滞后于数字经济发展。农业和工业领域数字化转型的壁垒在于数据的共享、平台的创新和应用、数字技术人才供给不足、基础设施建设不足等方面。

（3）监管体制和法律法规的滞后。数字经济具有发展速度快的特点，市场的发展明显领先于制度的规范，市场乱象丛生。数字经济时代，数据是一切经济活动的基础，然而数据的使用明显缺乏监管，当今信息泄露等信息安全问题严重降低了双方交易的可信性和持久性，阻碍了市场良性发展。

（4）数字基础设计供给不足。数字经济快速发展对数字基础设施的需求大幅增加，当前数字基础设施供给仍然不足。数字基础设施大多具有资金密集的属性，伴随着数字产业发展，从中央到地方政府皆意识到加快数字基础设施建设的重要性，资金投入量大幅度增加。

4.2.2　5G 移动互联网架起数字经济与实体经济之间的桥梁

5G 通信技术的突出特征是高速率、大带宽、低时延、超高稳定性和基站密度高，它的商用和普及为数字经济发展赋能。未来工业互联网、人工智能、4K 电视、8K 电视、大数据、智能无人驾驶汽车、区块链、物联网、虚拟现实、增强现实和混合现实等都需要依赖 5G 网络得以实现。5G 单纯作为通信技术也许价值并不高，但是从上游的元器件、光纤光缆建成铁塔和基站等，到中游的网络规划设计和运维，最终 5G 技术落地到各种应用上，从中延伸的产业链价值前景辉煌。有数据显示，5G 延伸的产业链规模相当于日本 GDP，如此一来 5G 本身的作用堪称第四次工业革命。在数字经济融合性发展的产业链上除了使能基础设备外，最底层的产业链环节是通信产业链，包括 4G/5G 基站、局端、宽带和智能手机等，通信产业链为整个数字经济提供了数据传输服务。因此，在国家"十四五"规划和 2035 远景目标中就提出："围绕强化数字转型、智能升级、融合创新支撑，布局建设信息基础设施、融合基础设施、创新基础设施等新型基础设施。建设高速泛在、天地一体、集成互联、安全高效的信息基础设施，增强数据感知、传输、存储和运算能力。加快 5G 网络规模化部署，用户普及率提高到了 56%，推广升级千兆光纤网络，前瞻布局 6G 网络技术储备。"显然，5G 将在产业数字化转型中起到桥梁和支撑作用。发挥 5G 的桥梁支撑作用，实现数字经济与实体经济融合具体在以下方面下功夫：

（1）发挥 5G 移动终端应用环节在数据生产、采集、传输、交易和使用过程中的媒介作用。在数字经济时代，所有个体都既是数据的生产者也是数据的需求者，5G 以其高速、大带宽、低延时可以增强数据感知、传输、存储和运算能力。在政府主导、开放共享政府部门、公共服务等数据的前提下，通过发挥行业协会、商会的作用，推动人工智能、车联网、远程医疗、可穿戴设备、物联网等领域数据采集标准化。2020 年开始的新冠肺炎疫情极大地推动了远程医疗行业的发展，完全得益于 5G 网络的优势，信息传递不再卡顿，实现了医生不在病房也能轻松做手术。

（2）加快推进要素市场化发展。数据是数字经济发展的核心要素。针对新市场格局下，要稳步推进全国统一大市场就要加快传统和新兴要素市场化配置改革。既要建立统一开放的要素市场，又要建立统一的要素市场规范秩序和规则。2019 年，十九届四中全会提出："健全劳动、资本、土地、知识、技术、管理、数据等生产要素由市场评价贡献、按贡献决定报酬的机制"。[①] 2020 年 3 月，国务院又发布《关于构建更加完善的要素市场化配置体制机制的意见》，[②] 明确提出要加快培育数据要素市场，加快要素价格市场化改革。要进行要素市场化配置前提是给要素确权，针对数据要素以 5G 通信为依托，建立数据要素需求和供给共生的交易化平台，发挥数据要素的基础性作用，通过数据要素的融合性发展辐射带动其他要素的市场化改革。

（3）通信运营商通过创新 5G 富媒体消息，实现个人用户之间以及行业用户与个人用户之间的数据传递和共享。面向个人的 5G 消息可以是文本，图片、音频、视频、位置、联系人等多种形式；面向行业用户，5G 消息可以实现消息即服务。三大通信运营商要加快推进 5G 消息标准化工作，尽快由技术落地到应用，通过大数据、云平台等建立统一开放共享的数据资源库，为数字经济与传统实体经济融合发展提供决策

---

① 《中共中央关于坚持和完善中国特色社会主义制度、推进国家治理体系和治理能力现代化若干重大问题的决定》，中华人民共和国中央人民政府网，2019 年 11 月 5 日。

② 中共中央　国务院：《关于构建更加完善的要素市场化配置体制机制的意见》，中华人民共和国中央人民政府网，2020 年 4 月 9 日。

依据。同时，5G 消息应用需要运营商之间甚至与全球运营商通力合作，实现全球用户之间的互联互通，这一技术应用也将大大推动数字经济融合发展。因此，在对通信行业监管方面，要结合实际，处理好反垄断与提高效率之间关系。

（4）加快 5G 基站、人工智能、云计算、大数据，工业物联网等新兴基础设施建设。当前，在基础设施建设领域，国家政策重点是补短板、强弱项，要加快 5G 网络规模部署和商业应用加快推进重点区域 5G 基站和配套网络建设，优化基础薄弱地区 4G 网络覆盖，推进重点领域物联感知设施部署。

（5）发挥 5G 对数字经济的支撑作用，要加快针对数字经济立法。规范数据要素的采集、传输、计算、存储等过程，保障数据安全，制定数据标准，为实体经济数字化转型奠定大数据的智能化基础。

4.3　移动互联网对三大运营商的影响

2019 年 6 月 6 日，中华人民共和国工业和信息化部向中国移动、中国电信、中国联通和中国广电网络有限公司发放 5G 牌照，这意味着中国正式进入 5G 商用元年。四家运营商各自针对 5G 发力，加快部署快速推进 5G 商用步伐。

4.3.1　5G 移动互联网给通信运营商带来的机遇

（1）5G 的应用市场前景广阔，潜力巨大。5G 商用的快速推进以基站的广覆盖为前提，因此，5G 基站建设是 5G 产业布局的第一步。其中，基站的选址建设是保证 5G 信号覆盖的基础。2020 年是 5G 大规模建设的第一年，5G 基站建成目标不断刷新。通信运营商开启的 5G 大规模集中采购，又将带动上下游产业链展开新一轮的信息技术产业投资增加。从 5G 基站产业链来看，主要涉及上游规划设计、中游建设/运维以及下游应用三大环节。通信运营商则处在产业链的下游环节，最贴近 5G 的应用领域。

随着 5G 商用的有序展开，产业链的上下游企业会迎来弯道超车和脱颖而出的机会。实践证明，5G 应用最先布局在视频内容消费、工业互联网、远程医疗、物联网、车联网等领域。中国信息通信研究院发布预测称，2025 年 5G 用户规模将达 8.16 亿户，移动用户渗透率将达 48% 左右。[①]

（2）5G + 数字经济将为电信业带来美好未来。面对数字经济发展，运营商必须加快数字化转型，实现由基础电信业务运营商向"管道 + 平台 + 内容"的综合运营商转变，这已成为全球主流电信运营商的共同战略选择。5G 已成为通信领域的新一轮国际竞争焦点。

中国移动公司董事长尚冰认为，5G 时代将成为电信运营市场创造新模式、构建新格局的重要分水岭，"更好地洞察和培育 5G 应用的广阔市场，更好地适应和把握运营转型的方向路径，就会实现更可持续和更高质量的发展。"[②]

德瑞咨询戴炜研究认为，电信运营商在 5G 时代的发展机遇主要有三：其一，转型云计算运营商；其二，网络即时服务提供商；其三，差异化终端提供商。[③] 根据信息通信研究院的研究，未来运营商的营业收入增速放缓，成本升高，用户付费意愿保守，网络安全防范和组织模式等各个方面同时面临挑战。[④]

同时，供给侧也将面临新的机遇。5G 建网和运维模式与之前的 4G 相比更有创新空间，一方面各运营商在原有 4G 核心网基础上，增加 5G 基站，另一方面可以针对 5G 单独组网，后者成本会更高，会使 5G 发展满足不了快速增长的需求。另外，行业云与边缘云大规模应用潜力无穷，网络切片也为运营商差异化运营创造条件，毫米波商用带来创新机遇。

4.3.2　5G 移动互联网给通信运营商带来的挑战

5G 商用给运营商带来发展机遇的同时也带来诸多挑战。具体表现在以下几个方面。

（1）国内市场人口红利消失、资本红利大幅下降。随着老龄化人

---

①④ 《中国 5G 经济报告 2020》，中国信息通信研究院，http：//www.caict.ac.cn/，2019 年 12 月 13 日。

② 尚冰在 2018 世界移动大会发言，5G 带来商业模式嬗变，跨界合作成为常态，新华网，2018 年 6 月 28 日。

③ 戴炜：《5G 时代电信运营商机遇与挑战并存》，载《通信信息报》2018 年 7 月 18 日。

口比例的上升，少儿扶养比提高，中国人口红利消失，随之而来的资本红利也在下降。通信运营商的用户增长缓慢，发展新用户的成本越来越高。在这种规模扩张难于持续的情况下，如何通过技术、应用创新，开展精细化运作，展开差异化竞争来实现高质量发展，成为通信运营商需要面对的挑战。

（2）发展管理好移动大数据面临挑战。党的十八届五中全会开始，大数据发展提到国家发展战略层面。2016 年，工业和信息化部发布《大数据产业发展规划 2016～2020》，[①] 进一步明确促进中国大数据产业发展的任务和相应保障措施。在数字经济时代，数据是关键生产要素之一，是重要战略资源。对于通信运营商来讲，发展和管理好大数据，尤其移动互联网高速发展、数字经济融合型推进所带来的海量数据，面临诸多挑战。在数据确权、数据信息安全等方面需要相关部门的配套措施保障，同时需要运营商着重保护客户隐私，确保个人信息安全。

（3）新兴领域发展带来移动安全新问题。随着信息产业领域扩展，移动互联网领域随着手机应用程序、各种 App 安装使得手机用户经常被病毒感染，各种电信诈骗严重威胁着消费者的财产安全。随着手机支付的普及、共享经济的发展，二维码成为最主要的手机中毒原因。美国当地时间 2021 年 4 月 3 日，一家黑客论坛的用户在网上免费公布了数亿 Facebook 用户数据，包括电话号码和其他个人信息。泄露的数据包括来自 106 个国家和地区超过 5.33 亿 Facebook 用户的个人信息，其中包括超过 3200 万条美国用户记录、1100 万条英国用户记录以及 600 万条印度用户的记录。这些数据囊括了用户的电话号码、Facebook ID、全名、位置、出生日期、简历，在某些情况下还有电子邮件地址，这是自 2019 年 Facebook 安全漏洞修复以来规模最大的一次数据泄密事件。[②] 这一事件进一步引发了人们对软件和 App 开发者过多采集手机用户信息问题的关注。随着 5G 的商用推广，移动互联网、物联网、大数据、人工智能等新技术的不断结合，虚拟数字世界与真实物理世界的连接越来越密切，越来越深入日常生活。越来越多的智能设备进入移动互联网，增加了设备被恶意攻击和劫持

---

① 工业和信息化部关于印发大数据产业发展规划（2016～2020 年）的通知及附件，工业和信息化部网站，2016 年 12 月 18 日。

② 5.53 亿 Facebook 用户个人信息被泄露，腾讯网腾讯新闻客户端，https：//new. qq. com。

的风险。网络安全问题越来越复杂，涉及用户隐私、财产安全以及人身安全。因此，移动互联网安全防御能力需大幅提升。

（4）移动信息传播秩序需要加强规范。5G移动互联网以其高速度、大带宽、低延时受到应用商的欢迎。在5G普及推广过程中，相关管理和规范没有跟上，使信息传播的真实性、合规性无法有效保证，从而产生社会后果的不确定性。另外，自媒体增长过快，但绝大多数都没有经过采访调查核实，主要靠解读和评论来参与社会热点问题的探讨，有的信息还没有得到权威媒体和机构的确认即被传播出来，单纯为了吸引用户、增加流量，误导了舆论走向。基于移动互联网的精准推送仍然良莠不齐，乱象丛生。因此，网络版权保护需要尽快建立新秩序。

（5）移动互联网的基础建设仍需要补短板强弱项。中国移动互联网基础建设正在稳步推进，当前配合数字经济融合型发展重点推进5G基础设施的建设。中国的网络基础设施和先进国家之间的差距已经很小了，但在中国内部各地区之间仍存在网络基础设施分布的不均衡问题，仍然存在少数地区网络覆盖不足、农民的移动互联网使用比例偏低、农村电商上下行比例有待优化问题，影响了乡村振兴的战略实施。因此，在基础设施建设方面既要突出重点，还要注意补短板。

另外，中国移动互联网和新技术研发有待取得新的突破，特别是高端通用芯片、操作系统等领域关键技术的掌握问题，供应链的全球化依赖程度较高。同时，一些高精产品的设计、制造工艺还需要追赶发达国家水平，缩小差距。此外，还要建设完善包含IP、材料、芯片、终端、系统在内的5G整体产业生态体系，强化操作系统协同创新能力，推动相关产业链协同升级。①

4.4 厂商市场势力产生的原因及评估的理论依据

4.4.1 市场势力产生的原因

首先，差异化产品是市场势力产生的首要原因。

---

① 余清楚、唐胜宏、张春贵：《走上国际舞台的中国移动互联网》，载《中国移动互联网发展报告2018》，社会科学文献出版社2018年版。

　　产品差异化是行业内生产同类产品的企业之间因为产品在某些方面的差异而不能完全替代。具体地说，产品由于在质量、外观、包装以及售后服务等方面的不同，使得消费者认为这些产品存在差异，从而导致消费者对这些产品表现出不同的偏好。根据产业组织理论，产品的差异化直接导致企业对自身产品有了一定的垄断力量和定价能力，企业对自身产品进行的差异化程度直接决定企业对市场的控制或者影响程度。除了极端市场类型外，在其他市场结构类型下都存在不同程度的产品差异化。企业产品与其他企业产品存在的差异性越大，该企业对自身产品就具有越大的垄断权，这种垄断权的存在形成了其他企业进入的壁垒，从而产生竞争优势。[①] 消费者的消费行为越来越理性，初始的购买就不仅仅考虑产品价格及外观的差异，同时还会考虑该产品的售后服务的质量。一种产品售后服务好，也有助于树立企业产品在消费群体中的好口碑，从而吸引越来越多的消费者，并使消费者对产品产生越来越高的忠诚度。产品差异化，一方面是阻止行业外企业进入本行业的壁垒，另一方面也会把消费者从竞争性厂商那里吸引过来，进一步提高了该企业在市场中的竞争地位。同时，产品差异化迎合了消费者对产品的多样化需求，因而，产品差异的表现也就反映了影响消费者偏好的各种因素。[②] 具有竞争关系的企业之间因为产品差异性所形成的市场分割是不均等的。同时，不论企业之间的产品定价是否相同，企业之间市场份额都是不相等的。产品差异化是企业巩固和扩大企业市场占有率的重要策略，因为产品差异化程度与市场势力之间存在着正向变化的关系。

　　其次，进入壁垒使在位运营商拥有了垄断地位，从而可能产生市场势力。

　　本（Bain，1951）认为阻止行业外企业进入某行业获取非正常利润的任何因素都可以归之为进入壁垒。进入壁垒使得在位企业具有相对于行业外企业的成本优势，从而行业内的在位企业可以把价格提高到竞争水平之上，既获取了高利润又阻止了潜在的进入者的进入。进入壁垒一方面反映了行业内现有企业优势的大小，另一方面也反映了新进入企业进入过程中可能存在的障碍大小。因此，进入壁垒的大小与行业的垄断与竞争程度密切相关，直接反映市场结构的状况。

---

①② 李贺男：《中国电信业市场势力及对行业绩效影响的实证研究》，吉林大学硕士学位论文，2008 年。

　　经济性壁垒、策略性壁垒和制度性壁垒是产业进入壁垒的主要形式。行业本身的技术经济特征形成了行业外企业进入的障碍，拟进入企业为了进入行业需要花费生产经营之外的成本，这部分成本形成了拟进入企业进入行业的经济壁垒。陈志广（2005）把进入壁垒归之于交易费用，而规模经济的存在因为增加了交易费用使进入壁垒更加严重，同时提出通过选择一组方法，降低交易费用节约社会成本，提高社会净福利。策略性壁垒是在位企业为了阻止行业外企业的进入故意提高产品价格或施加的某些可置信威胁。制度性壁垒则是由政府的法律法规或行业监管政策给拟进入企业形成的进入壁垒。例如，行业经营许可证制度，最低资金筹措制度，税费制度等。

　　除上述进入壁垒外，进入壁垒可能来自原有企业垄断了生产原材料的供应或占据了有利的销售场所。对于电信行业来讲，行业内原有的三家运营商对行业外的新进入者来讲就拥有了得天独厚的排他性网络，新进入者要想向消费者提供通信服务必须接入原有电信运营商的网络，因此，网络的排他性就形成了电信业的进入壁垒。电信业现有的网元出租以及当前开展的移动电信业试点的移动转售业务的目的都是在于降低民营资本进入电信业的壁垒，从而达到进一步引入民间资本进入电信业的目的。

　　进入壁垒使行业内企业初始状态的市场势力得以维持。根据产业组织实证分析结果显示，进入壁垒越高的行业企业利润越大，进入壁垒越低的行业企业利润相对要低。对于经济性、策略性和政策性壁垒来讲，当拟进入者与行业内现有企业实力相当时，前两个进入壁垒失效，此时，只有政府的制度性壁垒才是制约拟进入者的实质因素。

　　再次，规模经济的存在为运营商拥有市场势力提供可能。

　　所谓规模经济是指长期平均成本随着产量水平的提高所呈现的下降趋势。单个企业的最小最优规模及市场容量的大小会决定市场结构类型及市场内厂商的最优数量。在市场需求一定的情况下，规模经济越大，行业所能容纳的厂商数量就越小，行业集中度就越高；反之，规模经济越小，行业内厂商数量就越多，行业集中度就越低。根据经济学理论，企业内在经济越明显，其成本优势越明显，就越可能提高市场占有率，在行业中的市场势力就越高，便可以通过制定产品的高价获取高额利润。当同时出现外在经济时，拥有较高行业占有率的优势企业充分利用外部经济，可以获取更多的利润。根据产业组织理论，企业追求规模经济的过程也是其市场占有率逐步提高的过程，市场占有率的提高使得市场集中度上升；而且，规模经济的出现意味着企业的低成本优势越来越明显，使得企业有能力、精力去搞产品的差异化，进一步提高本产品与行业内其他企业产品的差异程度。因此，规模经济也是行业进入壁垒的来源之一。

本书所研究的电信产业是典型的网络型产业，而网络型产业的特征之一即是规模经济，因此可以初步推断，在电信市场上会存在一定的市场势力。

最后，制度因素也是运营商拥有市场势力的原因之一。

电信行业长期以来一直施行严格的管制政策，1994 年中国联通公司成立之前的主要电信业务一直由邮电部垄断经营，政府既是"裁判员"又是"运动员"的做法决定中国电信业早期具有典型的政企不分的特性。1994 年中国联通公司成立，在政府部门以不对称管制的政策呵护下缓慢发展。1999 年到 2008 年，中国电信业经历了两次大规模的分拆重组：先是纵向与横向切分，目的是降低每个运营商的规模以及市场势力；再是政府一手操控的六组三的进行。在一系列的拆分与重组过程中，电信业确实打破了垄断，提高了市场竞争程度。但是，此前一系列的改革过程都不是运营商和市场竞争的结果。各大运营商都有政府划定的业务范围，没有政府的特许，运营商不能跨越业务边界。电信业改革的过程及运营商具体经营活动的严格界限都反映出政府监管部门对电信业的高度控制，中国电信业这种由上而下的改革方式可以快速改变行业竞争格局，但对行业发展和运营商成长所造成的直接影响则是很难判断的。世界各国在对电信业的改革过程中，凡是采取拆分方式反垄断的，其拆分后若干年的发展证明，被拆分的运营商很难再成长为在国际上具有高度影响力的电信巨头。以美国为例，AT&T 在 1984 年拆分后，发展越来越艰难，最终于 2005 年 1 月被西南贝尔收购，曾经的美国电信巨头消失。① 这也是中国电信业在今后的改革过程中应该认真考虑的问题。相反，完全依靠市场自身的力量最终也可以实现行业的有效竞争，而运营商则不会受到重创。从而说明，政府的干预对行业改革未必

---

① 吴军：《浪潮之巅》，人民邮电出版社 2019 年版。

始终是正向作用。

电信业中一系列法律法规也直接影响着行业竞争。例如《中华人民共和国电信条例》中对业务经营者是否经营电信业务、变动经营场所和业务范围等都必须提前申请，对于开始经营业务者必须取得经营许可证。2000 年 9 月《中华人民共和国电信条例》《中华人民共和国中外合资经营企业法》① 与 2001 年 12 月《外商投资电信企业管理规定》中都对外资进入中国电信市场必须满足的条件、遵守的规章和制度要求作了规定。根据规定，外商投资电信企业无法进行单独经营，必须与中国的运营商合作，以中外合资经营的形式开展业务；同时，对外资的注册资本和投资比例都有严格规定；参与合资经营的外方主要投资者须具备以下条件：第一，具备法人资格；第二，有注册地国家或地区的基础电信业务经营许可证；第三，有足够资金和相应专业人员；第四，有基础电信业务运营经验和良好业绩；第五，经营增值电信业务的外方主要投资者也应具有电信业务的运营经验和良好业绩。②

由于国家及行业主管部门对电信行业严格管制，其他所有制成分及外资进入电信业面临着较高的行业壁垒，这使得其他企业和社会力量很难进入电信业与现有的电信运营商进行公平竞争，行业运行的结果必然是价格高服务差，极大地限制了电信行业的发展，从而制约了电信业对整个国民经济引领作用的发挥。

4.4.2　政府主导的经营者集中对电信业价格的影响分析

中国电信业改革的前 15 年是以引入竞争，增加市场上的企业数量为目的，降低市场垄断程度进而降低电信业服务价格，改革的效果非常明显。然而，从经济学的角度来看，过犹不及。2007 年前后由于技术进步，手机单向收费以及资费的下降，使得手机用户迅速增加而固定电话用户急剧下降，出现了手机通话对固定电话服务的替代，各大运营商

---

① 《中华人民共和国中外合资经营企业法》，第五届全国人民代表大会第二次会议通过，1979 年 7 月 1 日，后经过多次修订。中华人民共和国第二十六号主席令签署《中华人民共和国外商投资法》2020 年 1 月 1 日施行，《中华人民共和国中外合资经营企业法》同时废止。

② 《外商投资电信企业管理规定》，中华人民共和国国务院令第 333 号，2001 年 12 月 5 日国务院第 49 次常务会议通过，自 2002 年 1 月 1 日起施行。

之间的发展开始出现失衡的局面。2008 年，由国家发展和改革委员会、工业和信息化部和商务部联合决定中国电信六组三，通过经营者集中，形成了三家全业务运营商。通过经营者集中使得市场上的运营商数目减少，运营商的规模是有了，但是同时也会增强合并企业的市场势力，企业滥用市场支配地位的可能性提高。另外，运营商数目减少情况下在竞争者之间就比较容易出现串谋与共谋，损害市场竞争。

夏朗特等（Salant et al.，1983）首次提出单边效应的概念。在此后，夏彼罗（Shapiro，1990)① 及其他学者相续发表一系列论文，形成了较为完整的理论体系。单边效应通常是在垄断竞争的市场类型中，生产有差别的同类产品的众多厂商之间由于属于同类产品，所以他们之间存在强烈竞争关系，但是他们所生产的产品又存在一定的差异性，故又对自身产品有一定的价格影响力。产品之间的差异性越小，产品之间越容易替代，厂商之间竞争关系越激烈。如果参与并购的两个企业原来因为产品的高度替代性而存在激烈竞争关系，那么合并之后的企业规模扩大，销量增加，市场占有率提高，就可能拥有一定的市场势力。合并后企业对产品价格的控制能力越来越强，损害了竞争，同时可能出现合并企业单方面提价，与合并之前的产品或服务价格相比，降低了消费者及社会福利水平。

通过概念的界定和分析可以发现，在反垄断法体系内所讨论的横向并购中单边效应主要就是从结构主义的角度来分析问题。企业并购会改变市场上企业数目，从而改变市场结构，进而使企业的行为可能发生变化。在各种并购模式中，横向并购可能产生具有严重反竞争效果的单边效应，因此各国在反垄断法中都对横向并购进行了严格控制及重点审查。反垄断法以保护竞争为目的反对垄断行为，如果横向并购并没有产生单边效应，从而可能不会带来反竞争效果，因此未必受到反垄断法的规制。存在严重反竞争效果的前提条件是，如果并购导致市场集中度明显上升，厂商垄断市场势力增强，此时的并购就会存在严重的反竞争效果，随着合并后厂商市场势力的上升，可能出现提高市场价格降低消费者消费水平或社会福利水平。

"单边效应"在 1992 年被正式写入美国并购指南。根据 1992 年并购指南，对存在替代关系的细分产品市场出现企业合并申请需要进行单

① Farrell J and Shapiro C. Horizontal mergers：An equilibrium analysis ［J］. *American Economic Review*，1990（80），1：107 – 126.

边效应分析，考虑参与合并的各方企业产品在细分产品市场上的替代性大小，从而判断合并后的企业是否具有更强的单方提价能力。替代性越高，合并后企业的提价能力就越强；反之，越弱。并购的单边效应理论在美国被广泛地用来评估存在竞争关系的企业之间的合并问题，来判断企业合并后是否会产生价格提高的单边效应，从而产生反竞争效果。理论研究的进展促进了执法部门在实务操作中进行企业并购。审查时会通过评估单边效应以及由此带来的效率提升来权衡决定是否给予放行。[①]随着扫描数据和其他信息技术以及实证经济计量分析的迅速发展，模拟拟合并交易中的单边效应越来越容易。

中国商务部在对"经营者集中"[②] 可能产生的反竞争效应评估时，应该考虑集中带来的单边效应。发改委牵头的电信业六组三是否也会产生价格上升的单边效应以及行政控制下的集中是否因单边效应而损害消费者福利，则可以通过一定的方法和工具来评估。

通过测算市场势力对经营者集中可能产生的单边效应进行评估，常用的数量分析工具分为两类：结构化实证分析与简约型实证分析。

结构化实证分析是对经济主体的行为进行研究的方法，它的主要优点在于模型以经济理论为基础，二者具有一致性。但这种方法也面临两个主要问题，首先，它必须表明所用模型与调查案例的相关性。其次，这种方法依赖于数据的可得性和质量，当数据可靠性不足时，必须能够解释和推测出结果会受到怎样的影响。

简约式分析是从一些特定事件中进行一般化总结得出结论和判断。例如，用市场集中度数据作为解释变量对价格进行回归，就是采用了简约形式的分析方法。[③] 利用这种方法，可以在历史证据的基础上预测并购的效应，而不是这种预测建立在公理和假定之上。同时，简约化实证分析对数据的可得性和质量的依赖相对要低。而剩余需求分析既可以用于定义相关市场，也可以用来测算企业并购可能产生的单边效应或对合

---

① Farrell J and Shapiro C. Horizontal mergers：An equilibrium analysis ［J］. *American Economic Review*，1990（80），1：107-126.

② 经营者集中包括横向经营者集中和非横向经营者集中两种类型，其中横向经营者集中也叫横向并购，非横向经营者集中包括纵向并购和混合并购。本书研究的安全港规则主要应用于横向并购的反垄断规制。

③ 连海霞：《计量工具在横向兼并反垄断审查中的应用——以美国 Staple – Office Depot 合并案为例》，载《山东财政学院学报》2014 年第 2 期。

并进行模拟，只要具备价格，销量的时间序列数据和成本变动数据，剩余需求分析就可以应用于任何市场。

剩余需求函数也是分析一个运营商的价格和自身数量之间的关系，只是这一方法是在考虑其他运营商供给反应的条件下来进行，故代表性厂商的需求称为剩余需求。运营商提高价格的能力与剩余需求的价格弹性是负相关的关系，弹性越大，运营商提价能力越低；弹性越小，运营商提价能力越高。剩余需求曲线是建立在产品差异化模型基础之上的。从这一层面来看，这一方法是与经济模型相关的。在这一方法中，由于不需要计算交叉价格弹性，从而不必界定相关市场。

在实际测算中，除了知道运营商的价格和数量数据之外，尽管不需要界定相关市场，但是还需要了解其他运营商供给反应的相关数据。其中，其他运营商的成本变动是一个比较理想的选择。本书采取该方法对六组三之后的中国移动通信市场运营商市场势力进行评估。

除了利用剩余需求弹性方法评估单边效应，以传统产业组织理论的结构—行为—绩效（S—C—P）分析范式为基础，还可以研究特定产业中价格和集中度之间的关系，因为市场结构（集中度序列）会通过企业行为最终影响行业绩效（价格序列）。反垄断部门在进行并购审查时，可以首先通过简约式分析，判断价格和集中度之间是否存在较强的正相关关系，如果确实存在，则说明企业合并可能会因为集中度的提高而产生反竞争效果，否则，企业合并出现反竞争效果的可能性很小。

因此，可以通过对价格和集中度的回归分析得到二者之间的相关关系，考察二者相关程度的大小以及显著性水平。在具体操作中也可以根据并购的实际情况在回归方程中加入其他合适的解释变量。当然，价格—集中度研究也会面临着变量的内生性问题，由于集中度水平通常会受到价格因素的影响，例如，厂商的低价战略会提高厂商的市场占有率，进而提高行业集中度。在回归分析中，如果存在变量的内生性会导致回归分析的结果不可靠。这也是价格—集中度分析的缺陷。在可能的情况下，也可以借助于结构回归模型来解决这一问题。另外，因为价格—集中度分析无法解释效率收益和产品差别，缺乏经济学的合理解释，因此遭到多方批评。

综合理论模型和实证分析方法，我国反垄断部门在今后对电信市场放手的情况下，可以运用单边效应来评估运营商之间可能的并购是否具有行业的反竞争效果，这时需要综合考虑各方面因素。

首先，运营商各自市场份额及市场集中度。

如果参与并购运营商的市场份额超过35%，单边效应分析就成为并购审查控制中的重要环节，但这并不说明，市场份额低于35%，厂商并购就不会产生单边效应，从而不能把达不到35%的市场份额作为抗辩单边效应的"安全港"。

其次，考虑需求和买方势力。

不同运营商提供的产品或服务类型往往不尽相同，但可不完全替代，因为它们属于同一市场。这意味着每类业务的资费价格将取决于提供的服务数量，而且也将受到其他竞争者提供的不完全替代品数量的影响，尽管通常是较小程度地影响。例如，某一特定类型的茶水饮料的价格和卖出数量之间的关系，将依赖于竞争对手品牌的茶水饮料的卖出数量，以及可乐和其他饮料的数量。价格相对于需求的变动越不敏感，价格就越可能高于边际成本。从而说明，对于缺乏自身价格弹性的厂商来讲，并购之后提高价格的可能性更强。

并购后的运营商即使拥有很高的市场份额，如果并购后的市场中消费者力量强大并且具有丰富购买经验，此时表面上违法的企业并购未必产生反竞争效果，因为在这种情况下强有力的消费者不会接受高于竞争水平的价格，并且有力量对抗供应商。例如，强有力消费者可以资助供应商的竞争对手，也可以资助潜在的进入者来进入这一市场，或者进行异地交易，或者自己直接进入市场进行生产经营来威胁卖方，破坏合并厂商的地位。在电信行业，运营商越来越重视集团客户带来的经济效益，从而越来越把更多的力量放在对集团客户的服务上。如果集团规模足够大，就形成了具有较强购买力的消费单位。

再次，竞争对手的生产能力以及潜在进入者也是集中审查时应该考虑的因素。

如果竞争对手对于合并厂商合并后的价格提高能够通过快速反应，迅速扩大生产能力，增加产量，那么并购厂商即使在合并后扩大了市场份额，它也无法获得市场支配地位，因此合并后厂商仍然不敢提高价格。当然，合并厂商也可能采取控制关键性原材料或控制销售渠道等方式和手段压制竞争者制约作用的发挥。

同时，潜在进入者也可能会影响并购后企业的提价能力。潜在进入

77

者对具有替代竞争关系的相关市场上的竞争有重大意义。多数情况下，仅仅由于存在潜在的进入者，就足以阻止现有竞争者滥用市场支配地位。如果市场能够相对容易地进入且成本不高，就可以在很大程度上抑制并购导致的潜在反竞争效果。

最后，运营商的合并可能带来效率的改进。

如果横向并购存在单边效应情况下又没有提高效率，那么应该被认为减少了消费者剩余和总福利水平。但是，通常情况下，效率的改进会抵消并购后产生的单边效应，并且导致总福利的增加，因为合并使得企业因降低单位成本而更有效率。如果单位成本的节约大于因合并可能导致的单边效应，从而价格降低的力量超过价格上升的力量，最终产品价格会下降，从而消费者会从中获益。[①] 在合并后效率有所提高的情况下，合并企业可以通过提价或增加销售量的不同途径增加利润。具体要采取哪条途径在企业合并前是无法断定的。但是效率改进幅度越大，降价以增加销售量的途径被选择的可能性越大。因此，效率因素就成了拟合并企业在反垄断部门对并购审查时提供的抗辩因素，有利于并购申请被批准通过。

在对集中进行审查控制中，既要评估集中可能带来的反竞争效果，又要评估集中可能带来的效率改进。反垄断局与拟合并方之间一般会存在关于生产组织以及市场运行状况的信息不对称问题，后者所拥有的信息明显多于前者。在效率改进是决定禁止还是批准并购案的关键因素情况下，拟并购企业就有夸大其效率改进的倾向。另外，出于对反对的考虑，其他竞争性厂商担心并购集中可能危及自身的竞争地位，因此也有动机贬低并购案的效率改进作用。因此，反垄断机构在对效率改进进行评估时，必须独立调研。法雷尔和夏彼罗（Farrell and Shapiro，1968）通过建立模型全面讨论了如何评估横向并购中的效率改进。

拟合并者还必须提供证明，要实现这种效率改进必须通过合并的方式来达到。如果有其他选择，那么说明并购就不是必要的。

4.4.3　市场势力评估的理论依据

市场势力的评估伴随产业组织理论的发展也经历了一个由间接向直

---

① 王守拙：《基于经济学视角的并购效率抗辩分析》，华东政法大学硕士学位论文，2013 年。

接发展的过程。

早期的市场势力评估以传统产业组织理论为基础，通过直接测算企业市场份额来间接反映企业的市场势力，这些指标主要有：行业集中度指标（CR），常用的是四厂商集中度（CR_4）和八厂商集中度（CR_8）；赫芬达尔指数（HHI）；熵指数等指标。

下面通过模型说明市场结构指标与厂商市场势力之间的关系。某一竞争性行业，产品同质，厂商之间就数量展开竞争，其中某一厂商 i，假定市场的产品反需求函数为 $p = p(Q)$，且 $\partial p/\partial Q < 0$。生产成本函数为 $C(q_i)$，并且边际成本非负，即 $\partial C/\partial q \geqslant 0$。厂商的利润函数为：

$$\pi_i = p(Q)q_i - C(q_i) \qquad (4-1)$$

一阶条件为：

$$p(Q) + \frac{\partial p}{\partial q_i}q_i - \frac{dC}{dq_i} = 0 \qquad (4-2)$$

即

$$p^* - \frac{dC(q_i)}{dq_i} = -\frac{dp}{dQ}\frac{dQ}{dq_i}q_i$$

结合 $\varepsilon = -(dQ/Q)/(dp/p)$，得到：

$$L_i = \frac{p^* - \dfrac{\partial C(q)}{\partial q}}{p^*} = \frac{P^* - MC}{P^*} = \frac{m_i}{\varepsilon} \qquad (4-3)$$

公式（4-3）即是勒纳指数，用来衡量厂商市场势力，m_i 是代表性厂商的市场份额。根据这一等式可以知道，在市场需求确定的情况下，厂商的市场势力与自身的市场份额 m_i 有关：m_i 越大，厂商的市场势力就越大，在极端状态下，卖方独家垄断则得到 $L_i = \dfrac{1}{\varepsilon}$；反之，当市场竞争程度越高，单个厂商市场份额越小时，厂商的市场势力越小。

随着新经验产业组织理论的出现，市场势力的评估方法也开始由直接衡量转向间接测度，即勒纳指数 $l_i = \dfrac{p_i - MC}{p_i}$，通常勒纳指数越大，市场势力越大。由于估计厂商的边际成本比较困难，多采取替代性指标估计来间接得到企业市场势力，现在常用的包括基于估计剩余需求弹性的方法和 Logit 需求模型方法。这两类具体方法借助于最新的计量技术，同时这两种方法可以用来分析差异化产品行业的市场势力问题，所以得到普及和应用。

当产品差异化程度不高或相关市场界限不明时，剩余需求弹性方法估计厂商市场势力更为有效。在一般情况下，产品的差异性或市场的垄断性都会使得厂商面临的剩余需求曲线为负斜率。同时，应用剩余需求函数方法时，行业内其他厂商的行为可以是竞争条件下价格的接受者，也可以是卡特尔内部厂商的行为。针对移动通信行业，运营商之间提供的移动通信服务并不是完全无差异的，就不同运营商基站数量多少与分布以及载频数大小不同从而对不同区域信号强弱产生影响，导致用户接受的移动通信服务对不同运营商来说并不是无差异的。因此，我们选择以剩余需求弹性方法估计厂商的市场势力。

评估运营商的市场势力也可以通过税后资本利润率来反映，即 $R = \dfrac{\pi - T}{E}$，其中 π 为税前利润，T 为税收总额，E 为自有资本，这也可以看做从绩效的角度对结构分析中结论进行验证，进一步判断运营商的市场势力情况。

4.5 中国移动通信企业市场势力评估

本书以传统产业组织理论为依据，从结构，行为和绩效等方面借助于经验产业组织理论的分析方法，直接测度市场势力。

4.5.1 反剩余需求函数的理论模型

在推导反剩余需求函数的理论模型之前，运用新产业组织方法对当前过渡时期移动通信领域厂商市场势力进行评估基于以下假定：

假定 1：在产业内部，企业超额利润的存在意味着系统性市场势力的存在。如果行业内厂商有市场势力却没有运用，仍然只获得正常利润。但是如果市场势力溢价（markup）显著大于 1，则可以判断企业运用了市场势力，此时还要排除规模效应和技术进步的影响。

假定 2：移动通信行业作为典型的网络型产业，存在明显的网络正外部性。移动运营商对于某地区基站的建设以及相应载频数的确定取决于该地区可能的用户规模的大小，而用户规模的大小又与通话时长之间基本上保持正相关的关系。

假定 3：技术锁定效应，由于转换成本的存在，消费者被锁定在已经使用的产品或服务的技术上。

假定 4：消费者对通信网络具有相同的一致性偏好。

贝克和布雷斯纳罕（Baker and Bresnahan，1985）提出了用反剩余需求评估企业合并前后的市场势力，利用合并前的数据评估待合并企业面临的需求体系。贝克和布雷斯纳罕（Baker and Bresnahan，1985&1988）用此方法估计了啤酒行业市场势力；在贝克和布雷斯纳罕（Baker & Bresnahan，1985）中此方法还被用于研究企业之间是否串谋以及兼并可能具有的影响。

$$p_1 = D(q_1, q_i, Y; \eta^1) \tag{4-4}$$

这里 p_1、q_1 分别是代表厂商的价格和产量；q_i 是其他厂商的产量向量，包括所有不同行业所有可能的替代品；Y 是进入需求函数的外生变量，η^1 是参数，可以是交叉价格弹性，也可以是自身价格弹性。

$$p_i = D(q_i, q_1, Y; \eta^i)_{i \neq 1} \tag{4-5}$$

为其他相关产品的反需求函数。

剩余需求函数体系还要考虑其他厂商供给行为，而供给关系是体现在这些厂商各自利润最大化的均衡条件中的。

$$MC^i(q_i, W, W^i; \beta^i) = PMR^i(q_i, q_1, Y; \eta^i, \theta^i)_{i \neq 1} \tag{4-6}$$

这里，MC^i 为其他厂商边际成本函数，取决于行业层面要素价格向量 W 和厂商特定的要素价格 W^i，因为厂商 i 可能因自身的原因如地理位置而产生特有的成本，β^i 为影响边际成本的参数。PMR^I 是其他厂商的边际收益函数：

$$PMR^i = p_i + q_i \sum_j \left[(\partial p^i / \epsilon q_j)(\partial q_j / \partial q_i) \right] \tag{4-7}$$

把式（4-5）代入式（4-7），得到的结果再代入式（4-6），求解得到代表性厂商 1 之外的其他厂商均衡数量，这里得到的是向量形式。

$$q_i = E^i(q_1, Y, W, W^i; \eta^i, \beta^i, \theta^i) \tag{4-8}$$

$\theta_i = \partial q_j / \partial q_i$ 为猜测变量，$j \neq i \neq 1$。

同时定义，其他厂商对代表性厂商产量反应的弹性表示为：

$$\varepsilon_{i1} = \frac{\partial \ln E^i}{\partial \ln q_1}$$

把式（4-8）代入式（4-4）得到代表性厂商 1 的剩余需求曲线。

81

$$p_1 = D[\, q_1, \; E^i(q_1, \; Y, \; W, \; W^i; \; \eta^i, \; \beta^i, \; \theta^i), \; Y; \; \eta^1 \,] \quad (4-9)$$

对变量进行整理，并且用 η 统一 η^i 和 η^i，得到：

$$p_1 = R_1(q_1, \; Y, \; W, \; W^i; \; \eta, \; \beta^i, \; \theta^i) \quad (4-10)$$

从式（4-10）代表性厂商的反剩余需求函数可以看出，剩余需求由自身产量、结构性需求变量和其他厂商的成本变量三方面因素决定。通过对式（3-10）取自然对数并进行全微分可以得到：

$$\eta_1^R = \frac{\partial \ln R}{\partial \ln q_1} = \eta_{11} + \sum_{i \neq 1} \eta_{1i} \varepsilon_{i1} \quad (4-11)$$

即是我们要估计的代表性厂商剩余需求弹性，其中，$\eta_{1i} = \partial \ln p_1(.)/\partial \ln q_i$。

结合代表性厂商均衡条件 $MR = MC$，并对其他厂商产量进行代换，可以得到：

$$p_1 - MC^1(q_1, \; W, \; W^1; \; \beta^1) = MK^1(q_1, \; Y, \; W, \; W^1; \; \eta, \; \beta^i, \; \theta) \quad (4-12)$$

通过对代表性厂商的剩余需求函数与供给关系联立求解可以得到代表性厂商的均衡价格和产量。

理论模型最终证明，代表性厂商的反剩余需求函数（4-10）是可以识别的，从而在计量上是可以利用企业层面数据估计出结果的。如果直接对剩余需求函数进行估计，可能会面临变量的内生性问题，从而导致估计值是有偏的。因此，考虑用工具变量，选取二阶段最小二乘方法对剩余需求弹性进行估计。

4.5.2 反剩余需求弹性与市场势力

在中国移动通信领域，当前的中国移动、中国联通和中国电信三家运营商实力相差悬殊，其中，中国移动占据移动业务市场份额的一半以上，可以看作市场的领导者，而中国联通和中国电信则是跟随者，因此，三家厂商之间的竞争比较接近于斯塔克尔伯格竞争。斯塔克尔伯格模型与古诺模型一样，讨论的是差异化产品厂商之间产量决定问题。但是，在斯塔克尔伯格模型中厂商之间存在着行动次序的先后差别，因此它是一个价格领导模型。产量按照以下次序来决定：领导性厂商先决定自身产量，然后跟随者依据领导性厂商的产量决定自己的产量。同时，领导性厂商在决定自己产量的时候，知道跟随者如何行动，说明领导厂商清楚知道跟随者对自身产量的反应函数，因此，领导性厂商能预期到自身产量对跟随者的影响。故而，在斯塔克尔伯格模型中，领导性厂商根据跟随者的反应函数确定自己的产量，跟随者则依据领导厂商的实际产量确定自己产量。在斯塔克尔伯格模型中，仅需要知道跟随者的反应函数，不再需要领导性厂商的反应函数。

对于中国移动这个市场的领导者来说，其市场势力溢价可以用下式表示：

$$-\eta_1^R = \frac{P - MC}{MC} = -\left(\eta_{11} + \sum_{i \neq 1} \eta_{1i}\varepsilon_{i1}\right) \qquad (4-13)$$

作为领导者的中国移动知道其余两家企业的供给会影响自身面临的需求曲线的弹性，最终影响自身的定价决策，因此，厂商的溢价程度直接与其面临的剩余需求弹性有关。这也正是我们选择估计剩余需求弹性进而得到企业市场势力这种方法的主要原因。还有一些重要原因使得我们选择该方法，第一，剩余需求弹性方法可以避开市场界定的难题。针对中国电信市场本身业务种类繁多，同时当前又面临着三网融合的局面，要进行清晰的市场界定是一件比较困难的事情。第二，利用剩余需求弹性方法估计厂商市场势力，只需要代表性厂商的相关数据，对行业总体的数据要求较少，这可以大大节约对数据的需求。[①]

4.5.3 剩余需求弹性估计

以通信设备制造及服务行业为代表的通信产业是我国支柱性产业之一，在国民经济中占有重要地位，随着信息通信技术的发展，通信服务业对国民经济发展的引领作用越来越强。在通信服务业中，移动通信业务又占据了营业收入的 60% 以上。以贝克和布雷斯纳罕（Baker & Bresnahan，1985）的剩余需求理论为基础，古德伯格和柯乃特（Goldberg and Knetter，1999）在剩余需求函数（3-10）的基础上建立双对数模型用来评估出口企业的国际市场势力，为了直接估计得到代表性厂商 1 的剩余需求弹性，本书运用古德伯格和柯乃特（1999）模型对中国移动通信行业市场势力进行评估。

---

① 连海霞：《中国移动通信市场势力评估与反垄断》，载《宏观经济研究》2014 年第 11 期。

模型为：

$$logARPM_{it} = \alpha_0 + \eta_1^R logMTHSC_{it} + \beta_1 logJPL_t + \beta_2 logPGDP_{it} + \mu_i \quad (4-14)$$

首先，变量与数据处理：

$logARPM_i$，$i=1$，2，3表示中国移动、中国联通和中国电信的移动通话价格的自然对数结果，其中移动通话价格我们用移动通信运营商的移动服务收入除以移动通话时长计算；[①] $logMTHSC_i$，$i=1$，2，3分别表示中国移动、中国联通和中国电信移动通话时长的自然对数结果。$logPGDP_i$作为需求的转移，用人均可支配收入PGDP的自然对数来衡量。成本方面的影响因素主要是行业的要素价格，包括劳动力要素的工资率，以季度劳动支出除以该企业季度平均职工总数来计算，用$logJPL_t$表示（见表4-5）。[②]

表4-5　　　　　　　　　　　　变量列表

变量名称	具体含义	变量赋值
移动通话价格	以厂商每分钟移动通话平均收入衡量	ARPM
移动通话需求量	以厂商的移动通话分钟数衡量	MTHSC
企业劳动价格	以厂商员工季度工资收入衡量	JPL
人均可支配收入	以人均GDP衡量	PGDP

由于数据中包含了移动通信市场三家运营商变量，即截面成员单位之间的差异被看作回归系数的参数变动，根据数据的可得性，选择使用固定效应的面板数据模型对模型进行估计。[③] 由于在公式（4-14）中同时涉及价格和数量，移动通话时长是内生变量，因此考虑针对每个移动运营商寻找工具变量。在工具变量的选择上必须满足三点：第一，必须与需求量相关；第二，必须独立于误差项；第三，与其他解释变量不相关。[④]

某些数据涉及商业机密一般拿不到，为了完整体现2009年开始的重组效果，我们选取了2009年至2012年1季度的季度数据，数据来源主要是中国移动，中国联通和中国电信的定期报告和网络运营数据，工

---

① ARPM：每分钟通话平均收入，由北京邮电大学阚凯力教授于2004年提出来。ARPM实际上就是以平均值的形式表示的电信资费。

②③④ 连海霞：《中国移动通信市场势力评估与反垄断》，载《宏观经济研究》2014年第11期。

业和信息化部 2009～2012 年 3 月的月度行业运行情况统计，国家统计局 2009～2012 年的季度数据。[①] 根据作者搜集的数据进行统计分析，数据描述（见表 4-6）。

表 4-6　　　　　　　　　　样本数据描述统计量表

变量名称及单位	logARPM 每分钟通话收入（元）	logMTHSC 移动通话分钟数（亿分钟）	logJPL 劳动要素价格（元）	logPGDP 人均 GDP（元）
均值	（-1.827287）	7.598804	9.457546	8.931756
中值	（-1.841486）	7.201842	9.412866	8.914223
最大值	（-1.341024）	9.224046	9.882698	9.100944
最小值	（-2.055725）	5.591733	9.230190	8.764249
标准差	0.151647	1.124653	0.181847	0.135331
总和	（-71.26419）	296.3534	368.8443	348.3385
偏差平方和	0.873883	48.06405	1.256602	0.695950
样本容量	39	39	39	39

85

其次，估计结果与分析：

根据样本数据之间的相关系数矩阵表 4-7 可以发现人均 GDP 与移动通话分钟数之间的相关度最高，所以在不影响基本结论的条件下，考虑删掉人均 GDP 变量，模型变为：

$$\log ARPM_{it} = \alpha_0 + \eta_t^R \log MTHSC_{it} + \beta_1 \log PL_t + \mu_i$$
$$(i = 1, 2, 3; t = 1, 2, 3, \cdots, 13) \tag{4-15}$$

表 4-7　　　　　　　　　　中国移动样本相关系数矩阵

名称	logJPL_CM	logMTHSC_CM	logPGDP_CM
logJPL_CM	1	0.8094	0.7805
logMTHSC_CM	0.8094	1	0.8876
logPGDP_CM	0.7805	0.8876	1

[①]　连海霞：《中国移动通信市场势力评估与反垄断》，载《宏观经济研究》2014 年第 11 期。

针对面板模型具体形式的选择进行了似然比检验，有约束条件下的似然函数最大值与无约束条件下似然函数最大值之比构造服从卡方分布的统计量，同时，在小样本情况下似然比检验的渐进性较好。应用 EViews 6.0 软件进行回归分析的检验结果（见表 4 - 8）。

表 4 - 8 似然比检验结果（固定效应检验）

界面的固定效应检验			Panel EGLS
Effects Test	Statistic	d. f.	Prob.
Cross - sectionF	32. 5242	(2, 30)	0. 0000

截面固定效应检验方程

Dependent Variable：LOGARPM?			observations：	39
	Coefficient	Std. Error	t - Statistic	Prob.
C	- 5. 8932	0. 6146	- 9. 5892	0. 0000
_CT - - LOGMTHSC_CT	- 0. 1930	0. 0778	- 2. 4795	0. 0186
_CU - - LOGMTHSC_CU	- 0. 3487	0. 0423	- 8. 2396	0. 0000
_CM - - LOGMTHSC_CM	- 0. 2119	0. 1182	- 1. 7929	0. 0824 *
_CT - - LOGJPL_CT	0. 5826	0. 0946	6. 1584	0. 0000
_CU - - LOGJPL_CU	0. 7050	0. 0948	7. 4348	0. 0000
_CM - - LOGJPL_CM	0. 6042	0. 1527	3. 9575	0. 0004

加权统计量			
R - squared	0. 8225	Mean dependent var	- 26. 5464
Adjusted R - squared	0. 7893	S. D. dependent var	78. 2072
S. E. of regression	1. 9457	Sum squared resid	121. 1404

未加权统计量			
R - squared	0. 6018	Mean dependent var	- 1. 8274
Sum squared resid	0. 3480	Durbin - Watson stat	1. 0218

注："＊"表示 10% 的显著性水平，其余为 5% 显著性水平。
资料来源：连海霞：《中国移动通信市场势力评估与反垄断》，载《宏观经济研究》2014年第 11 期。

该检验的原假设为固定效应是多余的，根据检验结果知 $32.5242 > F_{0.05}(2.27) = 3.35$，所以在 5% 显著性水平下原假设不成立，从而可以用固定效应模型进行估计。同时由结果可以看出，中国电信和中国联通的弹性系数符合经济意义，且比较显著，而中国移动的弹性系数在10%显著性水平下通过检验。

针对中国移动单独进行估计，由于移动通话分钟数的内生性，选择中国联通和中国电信的人工成本作为工具变量，估计结果（见表4-9）。

表4-9　　　　　　　　　　中国移动估计结果

DependentVariable：logARPM_CM				
Method：Two-StageLeastSquares				
Sample：2009Q12012Q1				
Instrumentlist：CLOGJPL_CMLOGJPL_CULOGJPL_CT				
	Coefficient	Std. Error	t-Statistic	Prob.
C	3.0288	2.1484	1.4098	0.1889
logMTHSC_CM	-0.4771	0.2456	-1.9425*	0.0807
logJPL_CM	-0.0683	0.3931	-0.1738	0.8655
R-squared	0.5514	Meandependentvar		-1.9553
AdjustedR-squared	0.4616	S. D. dependentvar		0.0707
S. E. ofregression	0.0519	Sumsquaredresid		0.0269
F-statistic	9.4541	Durbin-Watsonstat		2.3649
Prob（F-statistic）	0.0049	Second-Stage SSR		0.0091

资料来源：笔者整理所得。

由估计结果看出，在10%显著性水平下移动通话分钟数对移动通话价格有显著性影响。而人工成本对移动通信价格影响不显著，主要原因在于移动通信行业自然垄断性较强，有较高的沉没成本，而可变成本比较小，从而人工成本的变化对移动通信价格影响并不明显。[1]

通过分析可以得到三家厂商的剩余需求函数：

中国电信：

$$logarpm\_ct = -5.8932 - 0.1930logmth_{00} + 0.5826logjpl \qquad (4-16)$$

───────────────

[1]　连海霞：《中国移动通信市场势力评估与反垄断》，载《宏观经济研究》2014年第11期。

中国联通：

$$logarpm\_cu = -5.8932 - 0.3487logmthsc + 0.7050logjpl \quad (4-17)$$

中国移动：

$$logarpm\_cm = 3.0288 - 0.4771logmthsc + 0.0683logjpl \quad (4-18)$$

由剩余需求弹性与市场势力之间的关系分析，$-\eta_1^R = \dfrac{p_1 - MC_1}{p_1}$，$\eta_{1j} = \partial lnp_1(.)/\partial lnq_j$ 可知，剩余需求函数中的价格和自身需求数量之间弹性系数即为该厂商的市场势力，据此判断，重组以后的移动通信领域，中国移动的市场势力（0.48）最大，中国联通（0.35）次之，中国电信（0.19）的市场势力最小。[①]

根据赫芬达尔－豪希曼指数，2012~2019年之间，通信行业的集中度变化不大，基本维持在3600~3730之间（见表4-10）。

表4-10　　2012~2019年三大运营商市场占有率及集中度HHI指数

时间	中国移动	中国电信	中国联通	HHI
2012 年上	0.471034483	0.272413793	0.256551724	3619
2012 年下	0.467412772	0.272547729	0.2600395	3604
2013 年上	0.466876972	0.27192429	0.261198738	3601
2013 年下	0.467113276	0.269183922	0.263702801	3602
2014 年上	0.473086124	0.259569378	0.267344498	3627
2014 年下	0.476668636	0.25753101	0.265800354	3642
2015 年上	0.4820059	0.259587021	0.25840708	3665
2015 年下	0.484741784	0.261150235	0.254107981	3677
2016 年上	0.492932862	0.268551237	0.238515901	3720
2016 年下	0.493604651	0.270348837	0.236046512	3725
2017 年上	0.49289369	0.274019329	0.233086981	3724
2017 年下	0.489244346	0.27854385	0.232211804	3709
2018 年上	0.479872881	0.287076271	0.233050847	3670
2018 年下	0.476313079	0.290937178	0.232749743	3657
2019 年上	0.471270161	0.295866935	0.232862903	3639
2019 年下	0.473579262	0.299102692	0.227318046	3654

资料来源：见表6-5。

[①] 连海霞：《中国移动通信市场势力评估与反垄断》，载《宏观经济研究》2014年第11期。

由于三家运营商都属于综合性运营商，因此这里按照全业务统计分析的三家运营商的综合实力显示，市场结构基本没变，但是三家运营商不对称的寡头格局有所变动。中国移动的市场占有率是由降再升基本没变，而中国电信的市场占有率最终上升了，中国联通的市场占有率最终下降了，所以当前的格局是，在不对称的寡头市场上，中国移动实力仍然最强，中国电信次之，中国联通实力最弱。这种市场格局的变化与各厂商的市场行为密切相关。

4.5.4 行为分析

在移动通信领域，移动运营商的一系列行为也间接反映出运营商在移动通信市场上不仅有一定的市场势力并且在实际运营过程中也通过运用市场势力谋取了高额的利润。

例一，携号转网：

携号转网又称为号码可携带或者移机不改号，就是用户变更运营商又无须改变自己手机号码即可同时享受另一家运营商提供的各种服务。如持有 150 号码的中国移动的手机用户，转入中国联通网络，可以享受中国联通提供的各种电信服务。因此，携号转网既可以是固定电话携号转网也可以是移动电话携号转网。携号转网的目的一方面是给消费者更多更方便的选择，另一方面可以扶持新运营商，有利于新运营商快速进入电信市场。

通过市场的管制措施，携号转网有利于打破在位运营商的优势地位，进一步优化市场结构，促进市场竞争，逐步实现有效竞争的目标，提高社会与消费者福利水平。携号转网意味着用户变更服务网络不需要更改号码，无形中既节约了号码资源，也节约了社会资源。

2006 年 10 月《信息产业部关于保障移动电话用户资费方案选择权的通知》是信息产业部对携号转网的明确政策规定。[①] 各省市运营商随后根据自身实际情况执行。

携号转套餐并非意味着用户可以随意携号转，而是要求符合归属地相同的用户，这一规定说明可以在各地移动网内实施，并非要求全网统

---

① 《关于保障移动电话用户资费方案选择权的通知》，中国政府网，www.gov.cn。

一执行，因此，监管部门对移动运营商并不存在非对称管制的问题。另外，运营商对携号转网多数采取谨慎宣传、分阶段执行，因此政策实施的效果对运营商来讲并没有预期的那么大。携号转品牌却是在同一运营商内部的不同档次之间调整，尽管存量用户的市场收入会因此受到短期波动影响，但却提升了运营商的品牌纯度，品牌的显性化也随之得到突出。通过进一步优化套餐，更加容易地对细分的用户市场进行区分，帮助巩固运营商的存量市场，同时可以提升用户对套餐的忠诚度。

运营商对于携号转网政策实施的态度是不同的，大家关注的焦点在于携号转网政策执行之后各自的利益变动问题。

中国移动作为主导运营商，认为携号转网自身的负面影响较大，所以从主观上来看不倡导携号转网政策，一定程度上甚至对携号转网进行抵制。由于双向携号转网实施效果可能会对中国电信和中国联通带来不确定性，所以这两家运营商更多的期望能够施行单向携号转网政策。结果，主导运营商会尽量设置层层障碍来拖延政策的推行，希望继续维持市场支配地位，中国电信和中国联通则是积极配合推进携号转网政策的施行，目的通过携号转网，吸引更多的新用户和老用户加入自身网络，扩大市场占有率。因此，携号转网政策能否顺利推行取决于运营商最终的态度。迫于政府的压力，这一政策最终会对市场竞争格局有影响，然而因为心态各异的运营商，会使政策推进相对放慢。

2011 年 11 月，中华人民共和国工业和信息化部又进一步批准天津、海南启动携号转网试点。2013 年中华人民共和国工业和信息化部进一步扩大携号转网试点，批准湖北、江西、云南三省份启动携号转网工作。因为运营商推诿或抵触，武汉市直到 2014 年 9 月 20 日起才开始正式办理自由携号转网业务。①

携号转网之所以迟迟难推进还在于，对于携号转网运营商和用户之间还未达成一致的成本分摊和利益分成共识。携号转网在不同程度上引起市场竞争格局的重新调整，运营商之间的利益关系会发生重大变化，同时也要解决运营商与用户间的成本分摊问题。因此，客观地说，运营商和监管部门都需要仔细分析，如何把本地单向携号转网从理论上可行转变为现实中可行。2019 年 11 月 11 日，工业和信息化部发布了关于印

---

① 连海霞：《中国移动通信市场势力评估与反垄断》，载《宏观经济研究》2014 年第11 期。

发《携号转网服务管理规定》（以下简称《规定》）的通知，[①]《规定》自 2019 年 12 月 1 日施行，《移动电话用户号码携带试验管理办法》同时废止，携号转网进入实质推进阶段。在《规定》施行初期，客户的携号转网尽管还是面临重重障碍，但是，在监管层的强力推进下，越来越多的客户更换了运营商。另外，为了保证用户不流失，携号转网也会倒逼运营商提高服务质量。

例二，运营商的长合约为什么能够维持？

现在三大运营商每逢节假日都会推出大量各种优惠活动，如春节期间的 10 元包 1G 上网流量，或合约机打折购，或家庭固定电话、移动电话与宽带捆绑优惠，或新装宽带优惠。面对种种优惠促销，上个合约期还没有结束的消费者就很难参与新的优惠活动。

针对运营商在不同时段推出的看似诱人的各种促销优惠活动，多数都需要合约期满之后才能参加。意味着只有真正意义上的"新用户"才能参加，而由于近几年随着用户增加，普及率上升，消费者都或多或少都参加过不同类型的合约套餐，能够享受这些优惠活动纯粹意义上的新用户越来越少。在不同的运营商那里都有明确规定，某些合约套餐可以叠加消费，但费用则是享受的不同合约套餐费用的加和，这对消费者来说确实是一笔不小支出。

运营商每逢假日推出的各种优惠新套餐，目的有两方面，一方面是继续吸引新客户加入，另一方面是巩固现有客户群体，提高他们的忠诚度。但在制定套餐时则需要考虑很多方面，一方面是客户增加可能带来的收益增加，另一方面是产品定位以及消费者能否接受新产品套餐的价位。综合各方面因素，要实现上述目标就需要一个相对较长的合约周期来实现。从各大运营商的公开报表看，凡是引入新技术终端或使用新技术标准，对财务的初期影响都不太理想。这说明，运营商对新套餐、新技术推行的各种优惠活动对自身的收益影响是非常复杂的，通常要在一个相对比较长的期限内才能看出最终的结果，因此导致运营商推出的优惠合约期限相对较长。另外，技术进步加快，移动终端也会快速更新换代；技术的进步也导致网络传输速度日新月异，运营商的新优惠套餐就会层出不穷，消费者则感觉跟不上形势，受上一期长合约的影响无法享

---

① 赵新培：《携号转网服务管理规定》，载《中国青年报》，2019 年 11 月 11 日。

受新的更优惠的活动套餐。

作为过渡的 3G 技术还没有完全铺开，2013 年 12 月，中华人民共和国工业和信息化部向三大运营商颁发了 4G 网络牌照，新一波技术投入商用。其中，中国移动使用 TD – LTE 制式技术标准，首先开启的 4G 业务对中国联通和中国电信造成了不小的冲击，而中国联通和中国电信需要把网络升级为 LTE FDD 制式技术标准。由于技术标准的差异，中国移动的先动优势能否继续保持很难确定。因为中国移动的 4G 技术制式下，网络信息传递是单通道，比较容易出现拥挤和堵塞，而中国电信和中国联通的 4G 技术制式下，网络信息传递是双通道，输入和输出通道独立，从而可以保障信息传递的通畅。这一差别将极大影响大规模用户情况下产品服务质量问题，从而最终影响用户对产品服务的评价，进而影响用户的去留和运营商的市场占有率和市场规模。

2019 年 6 月，工业和信息化部发放 4 张 5G 牌照。2020 年 7 月，国际电信联盟确定 5G 标准，开始了 5G 移动通信领域真正的产业爆发和大规模商用。工业和信息化部 2021 年 1 月 12 日组织召开全国 5G 服务工作电视电话会议，要求运营商基于用户需求优化完善 5G 资费套餐，设定合理的在网合约期限。①

但是，如果运营商的优惠活动套餐比较符合市场需求，则其将会受到用户的欢迎。根据欧洲新电信法，新的手机或宽带合同绑定期限不能超过 2 年，而且运营商还必须同时为用户提供一个不超过 1 年的合约选择。缩短合同期限将会使市场竞争更加激烈，消费者享受到更好的服务和更优惠的价格，在选择上也更多了。

4.5.5 绩效方面

将电信行业利润率与其他行业利润率进行比较，从而得出移动通信行业运营商高利润可能来自市场势力的运用。下面通过运营商的净资产收益率来反映厂商在市场上有没有运用市场势力。李钢（2008）运用 2002 年度数据和柯尔莫哥洛夫检验法对中国上市公司净资产收益率的分布进行了检验，得出上市公司净资产收益率服从 N（5.49，4.402）

---

① 刘烈宏：《5G 套餐要设定合理合约期限》，载《北京青年报》，2021 年 1 月 14 日。

的正态总体分布，上市公司净资产收益率期望均值 5.49。[1]

净利润是企业净资产投资的收益，在平均净资产中的比例称为净资产收益率，可以衡量公司运用自有资本的运营效率，其中，平均净资产是年初与年末净资产的均值，在具体计算过程中也可以直接用年末净资产来代替。[2]

移动通信运营商的净资产收益率用 $R = \dfrac{\pi - T}{E}$ 表示，其中 π 为运营商税前利润，T 为税收总额，E 为运营商年度末自有资本。

由中国联通 2009 年以来的净资产收益率数据可以看出，电信行业的利润率是偏高的，从而说明厂商在市场上有一定的市场势力。但是，从变化趋势上来看，税后资本利润率呈现了下降的趋势，并且非常不稳定，主要原因在于三家运营商现在都是全业务经营，竞争的加剧，厂商之间有时会出现恶性竞争的现象，从而使得厂商的净利润趋于零（见表 4 - 11）。

表 4 - 11　　　　中国联通 2009 ~ 2019 年净资产收益率　　　单位：%

项目	2009 年	2010 年	2011 年	2012 年	2013 年	2014 年	2015 年	2016 年	2017 年	2018 年	2019 年
净资产收益率	4.6	1.7	2.0	3.3	4.8	5.3	4.6	2.8	0.6	3.2	3.5

资料来源：中国联通 2009 ~ 2019 年度财务报告。

对于中国联通来讲，2010 年 3G 手机业务的补贴费用大幅增加，从而净利润比上年度下降近 50%，因此从 2010 开始净资产收益率持续下降，2012 年达到低谷。2013 年中国联通 3G 业务发展规模实现新的突破，净利润达 104.1 亿元，同比增长 46.7%，净资产收益率上升到 4.8%，这一过程在 2014 年延续，净资产收益率达到最高 5.3%；2015 年开始提速降费，"十三五"期间三家运营商通过提速降费共让利 7000 多亿元，从而运营商的利润空间越来越小，中国联通的净资产收益率在

① 李钢：《我国上市公司净资产收益率分布实证分析——以电子通讯行业为例》，载《经济学（季刊）》2005 年第 S1 期。
② 连海霞：《中国移动通信市场势力评估与反垄断》，载《宏观经济研究》2014 年第 11 期。

2017年达到谷底，仅实现0.6%。通过比较可以发现，移动通信厂商近几年的净资产收益率处于各行业上市公司净资产收益率均值以下，从而说明厂商对市场势力的运用越来越少。[①]

4.6　本章小结

通过本章分析可以得到以下几点结论：

第一，三家营运商在移动业务领域的力量仍比较悬殊，其中，中国移动力量最强，中国联通和中国电信旗鼓相当。厂商有一定的市场势力并不代表厂商有能力和条件运用市场势力，同时也意味着三家厂商在移动通信市场有支配地位但不一定滥用支配地位，从而不能以滥用市场支配地位为由遭到反垄断部门规制。

第二，中华人民共和国工业和信息化部对电信业管制与反垄断的重点也从早期的进入和价格管制转向今后的资费和互联互通监管。在电信、广电和互联网三网融合以及电信业内部业务融合的背景下，运营商所处的竞争空间更大，竞争也更激烈，各家厂商会继续不断推出新的套餐和业务，最终三家厂商的力量将向均衡方向发展。在市场竞争程度提高的同时，监管部门的任务重点也应随之调整，由一贯以来的放松管制转变为关注互联互通的同时加强对运营商过度竞争的监管，意味着对电信业未来的发展有必要提出一定范围地再管制，从而说明政府对行业的监管需要把握度，不能过紧也不能过松。

第三，在政府的主导下实现了通信行业重组后，目前和今后一段时间的经营者集中化过程已经阶段性完成。这就意味着在当前和今后一段时间内，中国的通信运营商不具备经营者集中形成垄断的条件。政府反垄断部门无须继续考虑垄断结构加强所带来的不利影响。在目前的体制和市场情况下，只需按照反垄断法的规定，界定和限制运营商的垄断行为。在今后，政府反垄断部门在行业结构方面应该尽量减少行政干预，为运营商发展提供自由宽松的环境。

---

① 连海霞：《中国移动通信市场势力评估与反垄断》，载《宏观经济研究》2014年第11期。

第5章　通信行业接入定价研究

5.1　互联互通及接入定价的意义

5.1.1　互联互通

互联互通首先是一个政策术语，尽管有不同的定义形式，但本质是相同的。根据国际电信联盟的定义，互联互通就是电信运营商为了让自己的用户能够呼叫其他电信运营商的用户，或能够让自己的用户接收到其他运营商用户的呼叫而把设备、网络、业务连接起来的一种业务，实际目的就是确保不同运营商之间的用户可以相互通话。[①] 经合组织提出各个网络之间为了传递信息而把不同运营商的网络连接起来就形成互联互通。[②] 世界贸易组织（WTO）认为实现一个电信运营商的用户能够接受或呼叫另一个电信运营商的用户即为互联互通，或者可以享用其他电信运营商提供的业务而有意识地提供公用电信传输网络或业务的连接也属于互联互通。信息产业部《公用电信网间互联管理规定》指出，互联互通是为了建立电信网间的有效通信连接，以使一个电信运营商的用户能够与其他电信运营商的用户相互通信或者能够使用其他运营商的各种电信业务。两个电信网间直接相连以及通过第三方转接方式实现业务对接都属于互联互通。[③]

---

①② 李楠：《中国电信业产业骨链互通接入定价研究》，江西财经大学博士学位论文，2009 年。

③ 《公用电信网间互联管理规定》，工业和信息化部，2001 年制定并于 2014 年修正。

随着技术的进步和经济环境的改善，电信业市场需求快速上升，运营商之间的竞争不断加剧，产业边界模糊，互联互通的范围扩大，概念也在不断地延伸变化。① 固定电话是最初的主要通信终端，最早的互联互通之所以发生是由于本地电话和长途通话需求在技术上的差异，长途电话网需要接入本地电话网才可以实现通话服务，此时的接入属于单向接入；无线技术、光缆传输以及移动电话制造等技术的产生与进一步发展，需要把不同运营商的本地固定电话网、移动通信网以及固定网络和移动网络连接起来；随着最近电信产业的变革，三网融合逐步地展开与推进，互联互通包含了新的特征，范围也有所调整。为了解决资源浪费的问题，电信网、广电网和互联网的三网融合可以避免资源浪费和重复建设问题，英美等发达国家基本已经实现了三网融合。在三网融合的情况下，互联互通更多地体现为运营商之间彼此提供接入的双向接入。

电信网络间的互联互通是电信市场竞争与合作的基本条件。电信产业是规模经济突出的网络产业，规模越大，每个用户的成本就越低，每个用户从消费服务中获得的满足程度就越大。根据梅特卡夫（Metcalfe）定理，通信网络的价值与用户数目的平方成正比。② 因此，一个网络内的用户越多，该网络内每个用户从中获取的价值也会越大。两个网络互联之后的总价值大于两个独立网络价值的相加，这也是为什么需要互联互通的一个重要理由，中国移动和中国联通短消息互联互通所激发的消费高潮就是对这一理由的最好解释。同时网间互联互通也给后进入的竞争者提供了有利的发展条件，优化了竞争环境。各国政府都采取不同的方式向电信市场引入不同竞争者，并向一个或多个新进入者颁发许可证，新进入者只有能够与提供普遍服务的在位电信运营商实现互联，才能够为消费者提供正常通话服务，否则，本来就很小的市场份额会进一步萎缩直至退出市场。政府通常可以采取强制推行互联互通的非对称管制的方式，扶植新进入者，以达到逐步提高电信业竞争的目的。实际上由于重建网络需要巨大投资，几乎没有一个新进入者能够建立起类似在位电信运营商所拥有的网络规模，因此，进入者最初的投资往往被限制

① 李楠：《中国电信业产业骨链互通接入定价研究》，江西财经大学博士学位论文，2009 年。

② Shapiro C and Varian HR, Information Rules. Boston：Harvard Business Review Press，1998.

在建设主网的某一部分或者利润较高的业务，如英美日早期的进入者通常只建设部分长途通信设施，而且建设也常常仅限于全国的某一地域。中国早期进入者中国联通则专注于移动通信网络建设。但是为了吸引用户，进入者又必须为用户提供大范围的全面服务，这就要求新进入者把自身长途光缆接入在位运营商主网中的本地网来实现互联互通。简单地说，互联互通无论在过去、现在还是将来始终是营运商之间竞争的先决条件。

5.1.2　网络产业接入定价的意义

网络型产业通常都是基础设施产业，具有公共物品特性和自然垄断性，这些产业具有典型的网络特性，消费者对产品和服务的使用导致自身的技术锁定，同时这些产业还具有显著的规模经济特性，分属于不同运营商网络之间的互联互通是确保消费者效用和权益的根本保障，而接入定价政策则直接关系到运营商之间的网络能否保持有效互联和互通，这些是行业的共有特征。中国是一个发展中国家，处于过渡经济时期，实际情况与发达国家又有所不同。

第一，网络型产业的发展都需要大规模的初始投资，中国的网络型产业与发达国家相比仍处在成长阶段，把企业做大做强的任务很重，因此，更应该根据不同网络型行业的具体技术经济特性，采取不同的发展和投入政策。

第二，由于发展中国家人口膨胀导致对网络产品与服务的需求快速增长，形成了消费者对各种网络产品需求的"拥挤"，使网络产品具有了竞争性和排他性。电信这种准公共物品甚至是私人物品的特性，使政府政策取向的重点变为正确处理供求矛盾，激励经营者扩大投资，增加基础设施建设，增加供给，促进行业发展以满足更多的需求。

第三，多数网络型产业从短期来看具有自然垄断特性，但这并不意味着这些行业中所有业务从长期发展的角度来看仍然具有自然垄断特性。网络的建设与经营应该具有典型的自然垄断性质，而依托于网络提供的产品服务应该是具有竞争性的。从动态角度来看，今天有自然垄断特性的业务未来未必仍然具有自然垄断特性，因此，政府在考虑对各业务的监管政策时既需要静态考察自然垄断的业务边界，把自然垄断业务和非自然垄断业务区分开来，同时还需要从动态的角度考察两类业务边界的变化，从而可以及时科学调整对不同业务类型的改革与监管政策。

5.1.3　研究进展

随着网络产业规制改革的进行，对网络产业接入定价问题的研究也是越来越多。拉丰等（Laffont et al.，1994）进一步发展了拉姆塞定价，把它应用于进入者和在位者企业之间的接入价格的确定上。进入 21 世纪以来，中国的一些经济学者开始介绍并逐步引用西方的接入定价理论。肖兴志等（2003）探讨了铁路、煤气、邮政等网络型产业的改革，发现很多行业选择了纵向一体化与自由接入方法，分析了在不同政策目标下纵向一体化网络接入定价的政策选择。柳学信（2004）系统介绍了国外网络产业接入定价理论，结合中国电信业互联互通问题提出了当时的接入定价方案，具有一定的开创性。姜春海（2005）专门介绍了有效成分定价（ECPR）的各种表达形式，并总结了在世界各国网络产业的实际应用情况，为网络产业接入定价理论提供参考。穆丽（2005）以电信产业为例，分析电信产业的各种网络型特征对接入定价的影响。张昕竹（2006）运用双边市场理论分析了电信业的互联定价与收费方式的选择问题，提出网间结算价格可以将通话外部性内部化，从而实现主叫市场和接听市场的最优定价或最优通话水平。姜春海等（2006）讨论了边际成本定价、有效成分定价以及拉姆塞定价等三种主要单向接入定价方法的优缺点，并分析了网络型产业规制改革后的垂直分离与混合市场结构下的接入定价问题，为网络型产业接入定价方法选择提供了一定的依据。姜春海（2006）利用简单线性函数模型分析了网络产业接入定价与垂直排斥问题，得出了具有较强政策含义的结论，当一体化企业的下游部门生产效率较低时，一体化企业就不会对独立下游企业产生垂直排斥。于立等（2007）分析了网络型产业单项接入的 Ramsey 接入定价方法，认为短期内整体最高价格上限规制不太可能，两部制（或多部制）接入定价方法对在位企业来讲是比较合适的选择。姜春海（2008）研究了网络外部性情况下的有效成分定价问题，得出的结论是如果能准确地判断网络外部性在现实中确实是存在，适当降低接入价格就是科学合理的。张昕竹等（2013）分析了互联网中的骨干网互联与结算问题，从市场准入制度、互联架构、结算制度角度分析了中外治理模式，指出中国骨干互联网治理中存在的问题，并从优化网间结算、重塑互联架构、理顺市场竞争体制以及调整产权结构等方面提出合理化建议。

5.2　接入定价问题的产生和接入定价的类型

5.2.1　接入定价问题的产生

所谓规模经济是指长期平均成本曲线随着产量水平的提高所呈现出的下降趋势，是企业生产中的一条内部规律，利用这一规律可以大致判断企业成长的边界。规模经济是影响行业市场结构的重要变量之一，规模经济对应产量与市场容量的相对规模决定了行业内厂商的最优数量。在市场需求一定的情况下，规模经济越大，行业所能容纳的厂商数量就越小，行业集中度就越高；反之，规模经济越小，行业内厂商数量就越多，行业集中度就越低。电信业因其具有巨额的固定成本投入，因此具有显著的规模经济特性。同时，电信业网络建设投资规模巨大，铺设网络形成巨额沉淀成本，网络设施建设投资一旦发生就很难抽回，并且很难转移到其他行业，"沉没性"成本很高。

因为具有显著的规模经济性、巨额沉没成本等自然垄断性经济特征，传统电信业是典型的自然垄断产业。然而电信业的这些经济特征都是由电信业的技术特征决定的。电信业自然垄断的边界随着技术进步导致的成本结构变化而大大缩小。此外，电信业中引入竞争的前提条件在于，尽管传统基础电信业务中的本地和长途电话业务都依赖于有线电话网络，但是它们的成本曲线却是不同的，其中的长话服务与本地电话相比就具有竞争的可行性，因而可以引入竞争者，提高长话领域的竞争程度。

许多国家开始对原有的电信产业纵向一体化的垄断市场结构进行改革，来提高电信业竞争程度。发改委及监管部门对电信业改革，在自然垄断业务中实现有效竞争，在非自然垄断业务中施行有效规制，二者相结合确保电信业快速平稳发展。[①] 中国电信业自 1994 年中国联通成立，也采取了一系列的进入竞争打破垄断的改革措施。1998 年邮电分家后，组建了信息产业部专门负责对电信业的监管。经过多次的拆分与重组，中国电信业 2008 年之前形成了"5 + 1"竞争模式。通过 2008 年的"六组三"，行业中运营商数目减少，中国电信业形成中国移动、中国联通、中国电信三家运营商共存的寡头市场格局。三网融合随着技术进步在逐步推进，最终将打破电信业自成一家，三足鼎立的格局将向通信网、广电网与互联网逐步融合的信息和通信技术产业发展。

电信市场引入竞争，有了多家参与者，经营者之间为了确保实现全面普遍服务的目的就产生了对主导运营商互联互通的需求，但在这一过程中，互联互通矛盾从来没有停止过。从 1994 年中国联通成立，作为主导运营商的中国电信在各个业务领域采取各种措施限制中国联通的网络接入，即体现为移动通信的接入故障，固定通信的互联互通也是阻碍重重。后来，市场上运营商数量增加，运营商之间的接入问题更加复杂，在产业快速发展的同时始终伴随着互联互通的负面效果。由于各个公司之间运营规模接近导致矛盾的出现和加剧，如果在新的市场格局下仍沿用老规则，则运营商之间的利益很难平衡。

纵向结构分离和纵向一体化下的自由接入是目前世界范围内电信产业结构改革的两种主要途径。第一种情况下，非"瓶颈"厂商一般不拥有基础性网络设施，而只是经营服务，处于自由竞争状态，而"瓶颈"厂商只拥有业务经营所必需的网络设施，因而控制了自然垄断领域。要实现所有产品服务供应商平等接入网络，最佳的方式则是对网络的运营与基于网络提供服务的业务运营分离。在第二种情况纵向一体化与自由接入结构中，所有运营商都既是网络设施的所有者又提供基于网络的服务，此时不需要政府继续"拉郎配"式的重组，同时也允许其他运营商进入到基础电信业务的竞争性领域进行竞争。

中国电信业自 1999 年至 2008 年经历了按业务进行的中国移动、中国电信、中国联通、卫星通信等的纵向分拆和对中国电信按区域的南北横向切分，以及最后的六组三形成 3 家全业务运营商，期间所坚持的始终是网络与业务经营者合一的纵向一体化的结构改革模式。随着技术进

① 李楠：《中国电信业产业骨链互通接入定价研究》，江西财经大学博士学位论文，2009 年。

步，互联网与广电业务的融合，电信业务的经营者类型增加，出现了虚拟运营商，以及移动转售业务的试点，都使得电信业的混合接入问题越来越重要。

5.2.2　接入定价的类型

接入定价对电信业的互联互通具有重大影响，不同的电信产业结构适用的接入定价方式是不同的。接入定价根据运营商之间结算方式的不同可以分为三大类。

第一，互不结算。

在互联网兴起的初期，互联网服务提供商之间为了减少交易成本，在业务流量大致平衡的情况下提供接入时互不结算因此发生的费用。如果两个运营商实力和相互提供的接入流量相当，互不结算的方法还是不错的选择，因为这种方法大大节约了交易费用，简化了互联过程。但是，由于不同的服务提供商发展策略不同发展速度产生差异，业务流量开始呈现出不对称，如果继续执行互不结算的接入方式，对于流量比较少的服务提供商来说明显不公平，因此它们慢慢放弃了这类结算方法。自 2013 年 1 月 1 日起，在反垄断局历经 3 年的垄断调查和强制整改要求下，中国电信与中国联通已经就双方的互联网接入实行互不结算方式。

第二，基于资费结算的接入定价。

由于网间互联成本的获得需要一定的数据信息和资源，监管机构与运营商之间的信息不对称使得在多数发展中国家的管制机构往往难以采用基于成本的结算规则来确定网间结算价格，退而求其次采用了基于资费的结算规则。这种规则把要求互联的其他运营商也看作用户，以最终用户资费为基础或在此基础上再打一个折扣来规定提供互联的资费。这种结算方式因其简单易行而被很多发展中国家所使用。例如，中国以及东欧一些国家，管制机构通常以本地市话主叫价格的一半确定结算价格，即结算价格与本地市话的零售价格挂钩。这类结算规则无须关注互联成本的具体数值，只需确定合理的结算价格系数，这样在互联成本测算过程中就相对容易避免信息不对称问题。出于政策考虑而制定了固定电话零售资费低于成本，从而这种零售资费因政策而扭曲，那么基于资费的结算方式就会体现出扭曲的固定电话零售资费，从而结算价格也没有真实或比较接近的反应提供接入的成本。这是基于资费结算方法的严重缺陷。由于这种结算方式不能准确反映结算成本，可能使得在位运营商激励不足，不愿意提供互联互通服务，或者导致无效的市场进入，使市场优胜劣汰的机制不能充分发挥，并且加剧市场恶性竞争。以资费为基础进行的接入费用结算作为临时的政策也是可以接受的，因其在实际操作中相对简便。但是，随着政府监管部门的监管技术和监管水平的上升，能够更加准确地掌握运营商与接入相关的成本信息和资源，接入定价方式未来必然的选择将会是以成本为基础，并在实际中实际执行。

第三，基于成本结算的接入定价。

基于成本的结算方式是网间互联资费确定的最基本也是最主要的思路。网间互联资费应当以成本为基础，由各运营商网络对一次通信过程的贡献大小以及各方对互联的网络资源的占用来确定一次接入业务的具体付费安排。目前，基于成本的接入定价方式已经成为主流接入定价原则，中国尽管在文件规定中提出原则上以成本为基础确定互联互通的接入费用，但是在实践中仍未实施。

在互联互通情况下，一次通信所花费的接入成本包括三部分，一是初始成本，是为实现网络互联所提供的配套设备、软件的修改与维护以及可能需要分配更多的号码资源。二是连接成本，是为了建立电信网络之间的互联所额外铺设的管网设备等相关费用支出，在提供一次接入时管道及其他数据设施所有相关费用也应该包含其中。三是互连费用成本，当一个网络向另一个网络发起业务时，后者为了接续前者发起的业务就会产生对自身内部资源的占用和消耗，业务收费通常由发起一方的运营商来执行，然后对提供业务接续过程而占用的资源进行补偿。

5.2.3　基于成本的接入定价方法

基于成本结算的定价方法主要包括边际成本定价、拉姆塞定价法，有效成分定价，前瞻性长期增量成本法以及完全成本分摊法五种方法。

第一，以边际成本为基础确定接入价格。

从经济学上来讲边际成本定价法从资源配置的角度来看是最有效率的，社会福利水平最高。在完全竞争市场上，从短期来看，市场需求曲线是单个消费者效用最大化均衡时的价格与数量组合线的加总得到，而市场供给曲线是市场上所有厂商边际成本曲线的加总得到，所以二者交点所确定的价格等于厂商生产产品或提供劳务的边际成本。从长期来看，市场均衡价格仍然等于厂商的长期边际成本也等于短期边际成本，还等于厂商的最低长期平均成本和相应规模上的短期平均成本。这种定价方法一方面保证了厂商获得正常利润，另一方面又保证了消费者能够以最低的价格享受服务获得产品，从而效用水平是最高的，社会福利水平也是最高的。因此，在完全竞争市场上形成的均衡价格实现了帕累托最优，从资源配置角度来看，边际成本定价又称为最优定价。然而，基础性设施行业通常不具备完全竞争的特征，原因是企业数量偏少，产品差异性比较强，信息严重不对称，资源也不能自由流动。但是这些基础设施行业厂商在平均成本的下降阶段进行生产又通常具有显著的规模经济特性。根据边际成本与平均成本的相互影响关系，边际成本的变化快于平均成本的变化：当边际成本下降时，边际成本把平均成本拉下来；当边际成本上升时边际成本又把平均成本拉上去，因此在规模经济阶段，边际成本曲线在平均成本曲线的下方。如果按照价格等于边际成本确定接入价格，企业是亏损的，亏损的企业因无利可图会退出生产。因此，从社会资源配置的角度来看，边际成本定价是最优定价方式，但从企业自身来讲又会因为价格过低无利可图而退出行业，从而导致这类行业产品和服务的供给严重不足，反过来又会在供求关系作用下把价格拉上来。社会最优的方法在现实中未必是可行的，因此我们就经常退而求其次，选择一些次优方案。

第二，拉姆塞定价（Ramsey 定价）。

尽管依据边际成本定价会使社会总福利最大，是最有效率的定价方式，但是企业却是亏损的，从而企业会退出市场。与边际成本定价不同，使企业实现盈亏平衡的定价方式被称为"次优"定价，由于这一定价方法最早由拉姆塞提出来，因此称为拉姆塞定价（Ramsey，1927）。拉姆塞最初用此方法分析最优税收以及政府支出的福利。后来法国经济学家博伊塔克（Boiteux，1971）重新发掘，逐步开始了拉姆塞定价在公用事业定价和垄断规制领域的应用。莫里斯（Mirrlees，1976）进一步发展了最优税收理论，提出最优税率应当是非线性的。

按照拉姆塞定价，价格对边际成本的加成与需求价格弹性之间呈反向变化关系，即式（5-1）：

$$\frac{p - mc}{p} = -\frac{\lambda}{1 + \lambda} \times \frac{1}{\xi} \qquad (5-1)$$

其中，ξ 为价格弹性，λ 为拉格朗日乘子 $\frac{\lambda}{1 + \lambda}$ 被称为拉姆塞数。

按照拉姆塞定价原则，为了补偿固定成本，对价格弹性较低的小客户收取高价，从经济学上来讲这属于三级价格歧视。因此，这种定价方式是否能够执行要取决于法律规定。

针对一多产品厂商来讲，不同的产品需求价格弹性不同。如果都按照最优定价即边际成本定价，则企业会处于亏损状态，为使企业的总成本得到补偿，则可以选择次优定价的拉姆塞定价。基本原则是产品价格偏离边际成本的程度与其产品需求价格弹性成反比，即对需求价格弹性大的产品价格应接近边际成本，对需求价格弹性小的产品价格应高于边际成本，简单地说，就是在边际成本基础上的加成。

拉姆塞定价可以从理论上解释为什么企业会执行价格歧视政策及非线性定价政策。在实践中越来越多的行业和领域应用拉姆塞定价方法。

第三，有效成分定价方法（ECPR）。

有效成分定价最早由鲍默尔提出，原理很简单。在完全竞争的最终产品市场上，在位运营商提供接入服务，接入定价加上垄断者在最终产品市场发生的边际成本应该等于最终产品的零售价格，即 $a = p - mc_i$，a 为接入价格，p 为零售价格，mc_i 为在位厂商提供接入发生的边际成本。对于进入者来讲，产品定价 $p \geqslant a + mc_E$。由于是竞争性市场，所以 $mc_E < mc_i$，即对新进入企业来说，取决于它是否比在位者更有效率，仅当进入者比在位者具有更高效率时，进入才是有利可图的。后经拉丰、梯若尔等证明，由于在位厂商向潜在进入者提供接入服务时按照有效成分收费条件比较严格，而且提供接入服务的机会成本比较模糊而难以计算，因此，有效成分定价不比复杂的拉姆塞定价更有优势。

如果符合一定的条件，有效成分定价将是社会最优定价方式，这些条件包括零售市场不存在的价格扭曲，没有政府规制，或者无论从短期还是长期来看在位者都不会扩容；否则，有效成分定价也会高于社会最优定价。同时，网络外部性的存在也会使得有效成分定价不是最优定价。当今世界，只有德国、新西兰和英国曾经采用过有效成分定价方法，后来也都先后放弃了这一定价方法，原因在于有效成分定价存在的缺陷，即这种定价方法在强调生产效率的情况下忽略了配置效率，同时要求的前提在现实中也很难满足。

第四，前瞻性长期增量成本（LRIC）。

拉姆塞和 LRIC 都是综合考虑成本及其他因素来确定价格，因此比较难以执行。前瞻性长期增量成本首先只是一种成本概念，本身并不是一种定价方法。操作方法是根据人口密度、业务发展情况在现有状况基础上预测将来一定时点的网络规模，然后据此设计所需设备，对企业关键设备进行重新估价时使用的是重置成本法，根据各业务的投资额和各自业务量测算每种业务各自运营成本，相加之后得到总成本。其中，重置成本顾名思义是指重新添置一套设备所花费的成本，而重新添置的新设备既能满足原来同样的功能要求，同时又充分利用了最新的生产技术。前瞻性长期增量成本法充分利用当前及今后的技术资源，同时还是最节约社会资源的设备生产方法，强化了提供接入服务的企业降低成本的激励。一方面提高了企业运行效率，另一方面又可以促进行业竞争，优化资源配置提高社会福利水平。LRIC 从理论上看是比较理想的定价依据，但这种定价方法仍然因为计算烦琐而争议不断，而且按照这种方法测算出来的成本是滞后于现实需要的。尽管如此，前瞻性长期增量成本定价在目前应用中仍然是主要定价原则。

第五，完全成本分摊法。

这种定价原则说明按照完全成本进行定价，而完全成本则由两部分构成，一是提供每种网间互联服务发生的直接成本，二是应分摊的其他公共成本。直接成本比较容易获取，把那些不能按照直接成本归属到具体业务下面的成本部分分摊给每一种服务。完全成本分摊的优点在于简单容易操作，不足之处在于这种方法是以历史成本为基础，没有考虑技术进步等原因导致的现有资产贬值，另外对于无法判断的直接成本按服务进行分摊对不同的运营商来讲可能存在着不公平问题，而且由于信息不对称导致计算出来的结果差异很大，这种结果可能会与运营商的实际成本存在很大差距。此方法被美国采用的时间比较长，也是当前世界各国经常采用的方法。

5.3 接入价格标准变化过程及存在的问题

5.3.1 网间互联互通接入定价的历史演变

由于通信网络分属于不同的运营商，根据网络产业特征用户只有在保证全程全网的情况下才可能实现享受通信服务的效用最大化。因此，拥有不同网络的运营商之间的互联互通直接决定了用户的效用水平，进而决定了运营商的用户规模和运营效率。运营商之间相互提供接入时的费用结算问题与互联互通有直接关系。结算业务包括语音结算和短信结算，语音结算指不同电信运营商之间的固定与移动网内部以及之间的语音通话相互接入时产生的结算费用；短信结算指中国电信的用户与中国移动、中国联通用户之间互发短信进行的互联结算。

根据网间话务关系可以看出语音话务接入时结算费用。语音话务基本上有以下五种。

电信网运营商之间发起或接入的本地呼叫话务称为本地话务群。另外，本地话务群还承载一些长途选网或被叫付费业务、一些互联网移动电话、互联网服务提供商接入服务。

一个运营商的固定电话本地用户呼叫另一个运营商异地移动用户，此时就触发了就远入网功能：这里涉及通话号码的翻译与转接变换问题，方便长途局的进一步接续。在关口局的就远入网通话不需要接入结算，但需要处理长途计费。

长途来话呼叫本地他网用户就形成了长途落地话务，此时本地运营商提供了接入服务，主叫长途用户所属运营商在收取了通话费后要向本地提供接入服务的运营商支付接入费用。

国际局来话呼叫异地他网用户，过程中仍然存在通话号码的翻译与转接变换问题，因此也会触发就远入网功能。

1994 年 7 月，中国联通公司开始组建，次年就产生了中国联通与原中国电信之间的互联互通问题，从而开始了互联互通工作。中国联通成立之初没有自身的基础网络设施，要想向用户提供全面普遍通信服务必须接入原中国电信的网络。中国联通和中国电信在国家发展计划委员会价格司、原邮电部电政司及财务司等各部门的组织协调下，经过多次反复讨论，最终在 1995 年下半年，达成一致的技术规范和结算标准，中国电信和中国联通在互联互通过程中都必须遵守这一基本规范。为保证竞争的引入、互联互通的顺利进行，中国发布的有关电信业接入定价的文件有六个，分别是 1996 年、1999 年、2001 年、2003 年、2010 年、2013 年。

1996 年，原国家计委发布第一份互联互通结算标准。[①] 该标准规定：在固定网与移动网之间接入时，中国联通接入中国电信的移动网络时每分钟支付 8 分钱接入费，而中国电信接入中国联通的移动网络时每分钟支付 1 分钱接入费。在移动网之间互相提供接入时，执行互不结算方法。这反映当时从国家计委政策制定的角度来看，对中国联通并没有从接入资费方面给予优惠，反而付出得更多，这也是中国联通成立之初把发展重心放在移动通信业务发展上的主要原因之一。

1999 年《电线网间通话费结算办法》主要内容包括：（1）当固定用户向移动用户提供接入时，由移动运营商向固定业务运营商支付接入费用，标准为每分钟 5 分钱。（2）移动业务运营商向固定业务运营商提供接入时，双方互不结算。（3）移动业务运营商之间互相提供接入服务时，也执行互不结算办法。（4）当通话双方的通话业务不涉及任何一方运营商的营业区间电路时，主叫方向被叫方支付 50% 的通话费。（5）如果通话业务使用到被叫运营商的营业区间电路时，主叫运营商向被叫运营商支付 90% 的通话费。[②]

《电信网间通话费结算》在 2001 年发布，在新的结算办法颁布的同时《电信网间通话费结算办法（试行）》废止。新的结算办法主要内容：（1）当固定用户向移动用户提供接入时，由移动运营商向固定运营商支付接入费用，标准为每分钟 0.06 元。（2）移动业务运营商向固定业务运营商提供接入时，双方互不结算。（3）移动业务运营商之间互相提供接入服务时，是否结算可自行协商解决。

---

① 《关于联通公司 GSM 移动通信网与邮电公共网互联互通费用结算办法等有关问题的通知》。

② 《电信网间通话费结算办法》。

（4）当通话双方的通话业务不涉及任何一方运营商的营业区间电路时，主叫方向被叫方支付 50% 的通话费。（5）如果通话业务使用到被叫运营商的营业区间电路时，主叫运营商向被叫运营商支付 90%的通话费。①

2003 年《公用电信网间互联结算及中继费用分摊办法》颁布。同时《电信网间通话费结算》废止。新的结算标准和费用分摊办法为：（1）当固定用户向移动用户提供接入时，由移动运营商向固定运营商支付接入费用，标准为每分钟 6 分钱。（2）移动业务运营商向固定业务运营商提供接入时，双方互不结算。（3）移动业务运营商之间互相提供接入服务时，主叫方向被叫方每分钟支付 0.06 元。（4）当通话双方的通话业务不涉及任何一方运营商的营业区间电路时，主叫方向被叫方支付 50% 的通话费。（5）如果通话业务使用到被叫运营商的营业区间电路时，主叫运营商向被叫运营商支付 90% 的通话费，自己得到10% 的本地网营业区间通话费（见表 5-1）。②

《关于公用电信网网间结算调整问题的通知》2010 年 1 月 1 日起生效，同时原有结算办法废止。新办法规定，第一，固定用户呼叫本地移动用户时，呼叫方所属电信运营商应向提供接入的电信运营商支付每分钟 0.001 元的接入费用。第二，短消息发送方所属电信运营商向接收方所属电信运营商每条支付 0.03 元。第三，多媒体短消息发送方所属电信运营商应向接收方所属电信运营商每条支付结算费 0.10 元。第四，3G 网络网间互联结算标准与 2G 网络相应业务结算标准相同。第五，不同电信运营商的用户通过 3G 可视电话业务相互呼叫时，呼叫方归属的电信运营商应向提供接入的电信运营商每分钟支付结算费 0.06 元。这里所指的电信运营商都是传统的基础电信运营商。③

2014 年 1 月 1 日，《关于调整公用电信网网间结算标准的通知》生效执行，原有结算办法废止。新办法规定，第一，短消息发送方所属电信运营商向接收方所属电信运营商每条支付 0.01 元。第二，多媒体短

---

① 《电信网间通话费结算办法》。
② 《公用电信网间互联结算及中继费用分摊办法》。
③ 《关于公用电信网网间结算调整问题的通知》，中华人民共和国工信部，miit. gov. cn，2019 年 11 月 18 日。

消息每条结算费 0.05 元。① 第三，中国移动手机用户（TD - SCDMA 号段中 157、188 开头号码除外）主叫中国电信、中国联通移动用户时，中国移动向提供接入的中国电信、中国联通支付结算费每分钟 0.06 元；② 中国联通与中国电信的移动用户之间相互主叫时结算标准仍是每分钟 0.06 元，中国电信、中国联通的手机用户呼叫中国移动手机用户（TD - SCDMA 号码段 157、188 开头号码除外）时，两家运营商向提供接入服务的中国移动支付结算费调整为每分钟 0.04 元。③ 同时，中华人民共和国工业和信息化部根据每两年评估一次的结果会对上述政策进行实时调整。第四，TD - SCDMA 网间结算政策规定，中国移动 TD - SCDMA 专用号段（157、188）用户被其余两家运营商用户呼叫时，其余两家运营商要向提供接入服务的中国移动每分钟支付结算费 0.06 元；而中国电信、中国联通的移动用户被中国移动 TD - SCDMA 专用号段（157、188）用户呼叫时，中国移动向提供接入服务的中国联通和中国电信每分钟支付结算费 0.012 元（见表 5 - 1）。④

表 5 - 1　　　　　　　　　　电信网间互联结算表

序号	呼叫类型	去话方	转接方	来话方	计费方	核对方	结算关系及标准
1.1.1	归属本地移动用户呼叫本地固定用户	移动运营企业		固定运营企业	移动运营企业	固定运营企业	移动运营企业支付固定运营企业 0.06 元/分钟
1.1.2	归属本地移动用户经转接方电话网呼叫本地固定用户	移动运营企业	转接方运营企业	固定运营企业	（1）移动运营企业。（2）转接方运营企业	（1）转接方运营企业。（2）固定运营企业	（1）移动运营企业支付转接方 0.03 元/分钟。（2）移动运营企业支付固定运营企业 A 元/分钟
1.2.1	固定用户呼叫归属本地移动用户	固定运营企业		移动运营企业	固定运营企业	移动运营企业	固定运营企业与移动运营企业不结算

① 《关于调整公用电信网网间结算标准的通知》，中华人民共和国工信部，miit. gov. cn，2013 年 12 月 18 日。

②③④ 王荣：《电信网间结算费用调整》，载《中国证券报》2014 年 1 月 15 日。

续表

序号	呼叫类型	去话方	转接方	来话方	计费方	核对方	结算关系及标准
1.2.2	固定用户经转接方电话网呼叫归属本地移动用户	固定运营企业	转接方运营企业	移动运营企业	(1) 固定运营企业。(2) 转接方运营企业	(1) 转接方运营企业。(2) 移动运营企业	(1) 固定运营企业支付转接方0.03元/分钟。(2) 转接方与移动运营企业不结算
1.3.1	移动用户呼叫归属本地移动用户	移动运营企业甲		移动运营企业乙	移动运营企业甲	移动运营企业乙	移动运营企业甲支付移动运营企业乙0.06元/分钟
1.3.2	移动用户经转接方电话网呼叫归属本地移动用户	移动运营企业甲	转接方运营企业	移动运营企业乙	(1) 移动运营企业甲。(2) 转接方运营企业	(1) 转接方运营企业。(2) 移动运营企业乙	(1) 移动运营企业甲支付给转接方0.03元/分钟。(2) 移动运营企业甲支付给移动运营企业乙B元/分钟
1.4.1	固定用户呼叫其他运营企业的本地固定用户	固定运营企业甲		固定运营企业乙	固定运营企业甲	固定运营企业乙	固定运营企业甲应向固定运营企业乙支付本地网营业区内通话费的50%（按当地本地网营业区内的计费时间单位和通话费标准进行结算。若双方的通话费标准不同，以当地较高的通话费标准进行结算）

续表

序号	呼叫类型	去话方	转接方	来话方	计费方	核对方	结算关系及标准
1.4.2	固定用户呼叫其他运营企业的本地固定用户	固定运营企业甲		固定运营企业乙	固定运营企业甲	固定运营企业乙	固定运营企业甲应得到通话费的10%，固定运营企业乙应得到通话费的90%（按当地本地网营业区间的计费时间单位和通话费标准进行结算。若双方的通话费标准不同，以当地较高的通话费标准进行结算）
1.4.3	固定用户经转接方电话网呼叫其他运营企业的本地固定用户	固定运营企业甲	转接方运营企业	固定运营企业乙	（1）固定运营企业甲。（2）转接方运营企业	（1）转接方运营企业。（2）固定运营企业乙	（1）固定运营企业甲支付转接方0.03元/分钟。（2）固定运营企业甲支付被叫固定运营企业C元/分钟
1.5.1	移动用户经过互联点呼叫其他运营企业网络在本地挂设的业务台	移动运营企业		其他运营企业	移动运营企业	其他运营企业	移动运营企业支付其他运营企业0.06元/分钟
1.5.2	移动用户经转接方电话网呼叫其他运营企业网挂设的业务台	移动运营企业	转接方运营企业	其他运营企业	（1）移动运营企业。（2）转接方运营企业	（1）转接方运营企业。（2）其他运营企业	（1）移动运营企业支付给转接方0.03元/分钟。（2）移动运营企业支付其他运营企业D元/分钟
1.6.1	固定用户经过互联点呼叫其他运营企业网络在本地挂设的业务台	固定运营企业		其他运营企业	固定运营企业	其他运营企业	固定运营企业支付其他运营企业0.06元/分钟

续表

序号	呼叫类型	去话方	转接方	来话方	计费方	核对方	结算关系及标准
1.6.2	固定用户经转接方电话网呼叫其他运营企业网挂设的业务台	固定运营企业	转接方运营企业	其他运营企业	(1)固定运营企业。(2)转接方运营企业	(1)转接方运营企业。(2)其他运营企业	(1)固定运营企业支付给转接方0.03元/分钟。(2)固定运营企业支付其他运营企业 E 元/分钟
2.1.1	移动用户未加拨非归属企业 CIC 进行国内长途呼叫，移动用户归属企业选择其他运营企业国内长途网	移动用户归属运营企业		国内长途网运营企业	国内长途网运营企业	移动用户归属运营企业	移动用户归属运营企业留本地网通话费+0.06元/分钟，将国内长途通话费的剩余部分支付给长途网运营企业
2.2.1	固定用户未加拨非归属企业 CIC 进行国内长途呼叫，固定用户归属企业选择其他运营企业国内长途网	固定用户归属运营企业		国内长途网运营企业	国内长途网运营企业	固定用户归属运营企业	固定用户归属运营企业留 0.06 元/分钟，将国内长途通话费的剩余部分支付给长途网运营企业
3.1.1	移动用户未加拨非归属企业 CIC 进行国际及港澳台电话呼叫，移动用户归属企业在主叫用户所在地将呼叫送入其他运营企业长途网	移动用户归属运营企业		国内长途网运营企业	国内长途网运营企业	移动用户归属运营企业	移动用户归属运营企业留本地网通话费+0.06元/分钟，将国际及港澳台通话费的剩余部分支付给长途网运营企业

序号	呼叫类型	去话方	转接方	来话方	计费方	核对方	结算关系及标准
3.1.2	移动用户未加拨非归属企业 CIC 进行国际及港澳台电话呼叫，移动用户归属企业在国际出入口局所在地将呼叫送入其他运营企业长途网	移动用户归属运营企业		国际电话网运营企业	国际电话网运营企业	移动用户归属运营企业	移动用户归属运营企业留本地网通话费 + 不高于 0.54 元/分钟，将国际及港澳台通话费的剩余部分支付给长途网运营企业
3.2.1	固定用户未加拨非归属企业 CIC 进行国际及港澳台电话呼叫，固定用户归属企业在主叫用户所在地将呼叫送入其他运营企业长途网	固定用户归属运营企业		国内长途网运营企业	国内长途网运营企业	固定用户归属运营企业	固定用户归属运营企业留 0.06 元/分钟，将国际及港澳台通话费的剩余部分支付给长途电话运营企业
3.2.2	固定用户未加拨非归属企业 CIC 进行国际及港澳台电话呼叫，在国际出入口局所在地将呼叫送入其他运营企业长途网	固定用户归属运营企业		国内长途网运营企业	国内长途网运营企业	固定用户归属运营企业	固定用户归属运营企业留不高于 0.54 元/分钟，将国际及港澳台通话费的剩余部分支付给长途电话运营企业

续表

序号	呼叫类型	去话方	转接方	来话方	计费方	核对方	结算关系及标准
4.1.1	移动用户加拨非归属企业CIC，进行国内长途、国际及港澳台电话呼叫	移动用户归属运营企业		用户选择的长途电话运营企业	用户选择的国内长途运营企业	移动运营企业	用户选择的长途电话运营企业向移动运营企业支付0.06元/分钟
4.1.2	移动用户加拨非归属企业IP电话接入码进行国内长途、国际及港澳台电话呼叫	移动用户归属运营企业		IP电话网运营企业			IP电话网运营企业与主叫移动用户归属企业不结算
4.1.3	移动用户加拨非归属企业CIC进行国内长途、国际及港澳台电话呼叫，移动用户归属企业经转接方电话网送入用户选择的长途运营企业	移动用户归属运营企业	转接方运营企业	用户选择的长途电话运营企业	（1）转接方运营企业。（2）用户选择的长途电话运营企业	（1）移动运营企业。（2）转接方运营企业	（1）用户选择的国内长途电话运营企业向移动运营企业支付0.06元/分钟，向转接方支付0.03元/分钟。（2）转接方与主叫移动用户归属企业不结算
4.1.4	移动用户加拨非归属企业IP电话接入码进行国内长途、国际及港澳台电话呼叫，经转接方电话网送入IP电话网运营企业网络	移动用户归属运营企业	转接方运营企业	IP电话网运营企业	（1）转接方运营企业。（2）用户选择的IP电话网运营企业	（1）移动用户归属运营企业。（2）转接方运营企业	（1）IP电话网运营企业向转接方支付0.03元/分钟，IP电话网运营企业与主叫移动用户归属企业不结算。（2）转接方与主叫移动用户归属企业不结算

114

序号	呼叫类型	去话方	转接方	来话方	计费方	核对方	结算关系及标准
4.2.1	固定用户加拨非归属企业 CIC，进行国内长途、国际及港澳台电话呼叫	固定用户归属运营企业		用户选择的长途电话运营企业	用户选择的长途电话运营企业	固定运营企业	用户选择的长途电话运营企业向固定运营企业支付 0.06 元/分钟
4.2.2	固定用户加拨非归属企业 IP 电话接入码进行国内长途、国际及港澳台电话呼叫	固定用户归属运营企业		IP 电话网运营企业			IP 电话网运营企业与主叫固定用户归属企业不结算
4.2.3	固定用户加拨非归属企业 CIC 进行国内长途、国际及港澳台电话呼叫，固定用户归属企业经转接方电话网送入用户选择的长途运营企业	固定用户归属运营企业	转接方运营企业	用户选择的长途电话运营企业	（1）转接方运营企业。（2）用户选择的长途电话运营企业	（1）固定运营企业。（2）转接方运营企业	（1）用户选择的国内长途电话运营企业向固定运营企业支付 0.06 元/分钟，向转接方支付 0.03 元/分钟。（2）转接方与主叫固定用户归属企业不结算
4.2.4	固定用户加拨非归属企业 IP 电话接入码进行国内长途、国际及港澳台电话呼叫，经转接方电话网送入 IP 电话网运营企业网络	固定用户归属运营企业	转接方运营企业	IP 电话网运营企业	（1）转接方运营企业。（2）用户选择的 IP 电话网运营企业	（1）固定用户归属运营企业。（2）转接方运营企业	（1）IP 电话网运营企业支付转接方 0.03 元/分钟，IP 电话网运营企业与主叫固定用户归属企业不结算。（2）转接方与主叫固定用户归属企业不结算

序号	呼叫类型	去话方	转接方	来话方	计费方	核对方	结算关系及标准
5.1.1	从其他企业的国内长途、国际电话网，IP电话网到归属本地移动用户的长途落地呼叫	国内长途、国际电话网运营企业，IP电话网运营企业		被叫移动用户归属企业	国内长途、国际电话网运营企业，IP电话网运营企业	被叫移动用户归属企业	国内长途、国际电话网运营企业，IP电话网运营企业支付被叫移动用户归属企业0.06元/分钟
5.1.2	从其他企业的国内长途、国际电话网，IP电话网，经转接方电话网到归属本地移动用户的长途落地呼叫	国内长途、国际电话网运营企业，IP电话网运营企业	转接方运营企业	被叫移动用户归属企业	(1) 国内长途、国际电话网运营企业，IP电话网运营企业。(2) 转接方运营企业	(1) 转接方运营企业。(2) 被叫移动用户归属企业	(1) 国内长途、国际电话网运营企业，IP电话网运营企业支付转接方0.06元/分钟+0.03元/分钟。(2) 转接方支付被叫移动用户归属企业0.06元/分钟
5.1.3	在国际出入口局所在地，从其他企业国际电话网，IP电话网到非归属国际出入口局的移动网的国际及港澳台来话呼叫	国际电话网运营企业、IP电话网运营企业		接收呼叫的国内长途网运营企业	国际电话网运营企业、IP电话网运营企业	接收呼叫的国内长途网运营企业	国际电话网运营企业，IP电话网运营企业支付国内长途网运营企业不高于0.54元/分钟
5.2.1	从其他企业的国内长途、国际电话网，IP电话网到本地固定用户的长途落地呼叫	国内长途、国际电话网运营企业，IP电话网运营企业		被叫固定用户归属企业	国内长途、国际电话网运营企业，IP电话网运营企业	被叫固定用户归属企业	国内长途、国际电话网运营企业，IP电话网运营企业支付被叫固定用户归属企业0.06元/分钟

续表

序号	呼叫类型	去话方	转接方	来话方	计费方	核对方	结算关系及标准
5.2.2	从其他企业的国内国际电话网、IP电话网，经转接方电话网到本地固定用户的长途落地呼叫	国内长途、国际电话网运营企业，IP电话网运营企业	转接方运营企业	被叫固定用户归属企业	(1) 国内长途、国际电话网运营企业，IP电话网运营企业。(2) 转接方运营企业	(1) 转接方运营企业。(2) 被叫固定用户归属企业	(1) 国内长途、国际电话网运营企业，IP电话网运营企业支付转接方0.06元/分钟 + 0.03元/分钟。(2) 转接方支付被叫固定用户归属企业0.06元/分钟
5.2.3	在国际出入口局所在地，从其他企业国际电话网、IP电话到非归属国际出入口局的固定网的国际及港澳台来话呼叫	国际电话网运营企业、IP电话网运营企业		接收呼叫的国内长途网运营企业	国际电话网运营企业、IP电话网运营企业	接收呼叫的国内长途网运营企业	国际电话网运营企业，IP电话网运营企业支付国内长途网运营企业不高于0.54元/分钟
6.1.1	经过互联点，从国内长途、国际电话网，IP电话网到其他运营企业本地网挂设的业务台	国内长途、国际电话网运营企业，IP电话网运营企业		挂设业务台的运营企业	国内长途、国际电话网运营企业，IP电话网运营企业	挂设业务台的运营企业	国内长途、国际电话网运营企业，IP电话网运营企业支付挂设业务台的运营企业0.06元/分钟
6.1.2	从国内长途、国际电话网、IP电话网，经转接方电话网到其他运营企业网本地挂设业务台	国内长途、国际电话网运营企业，IP电话网运营企业	转接方运营企业	挂设业务台运营企业	(1) 国内长途、国际电话网运营企业，IP电话网运营企业。(2) 转接方运营企业	(1) 转接方运营企业。(2) 挂设业务台运营企业	(1) 国内长途、国际电话网运营企业，IP电话网运营企业支付转接方0.06元/分钟 + 0.03元/分钟。(2) 转接方支付挂设业务台运营企业0.06元/分钟

117

续表

序号	呼叫类型	去话方	转接方	来话方	计费方	核对方	结算关系及标准
7.1.1	固定用户、移动用户拨号上互联网						互联网骨干网运营企业与主叫用户归属企业不结算

资料来源：公用电信网间互联结算及中继费用分摊办法，中华人民共和国工业和信息化部，信部电（2003）454号及附件。

此次网间结算政策的调整对中国电信和中国联通来讲，结算收益基本不受影响，对中国移动的结算支出减半；但对中国移动来讲，则意味着结算支出不变，结算收入大幅度减少。例如，受网间结算政策调整的影响，2014年中国联通网间结算成本同比下降27.8%，为146.0亿元，在主营业务收入所占的比重由2013年的8.2%下降至5.9%。[①] 由网间结算办法的历次调整可以看出，监管部门仍然是出于产业发展的考虑，对电信业实行的是不对称监管。

5.3.2　目前接入定价存在的问题

综合来看，我国的电信业接入定价方式属于基于零售资费的定价方式。这种定价方式有其优势和不足。优势在于这种接入定价的核算是以零售资费为基础扣取一定折扣而得到，避免了大量成本核算程序。以资费为基础的接入定价存在诸多不足，具体表现在以下几个方面。

首先，以政策性资费确定网间互联资费无法准确反映和补偿互联所发生的实际成本，因为政策性资费是以扭曲的资费价格为依据而制定，是偏离成本的。由于监管部门规定的实际接入价格与提供接入发生的实际成本增量不一致，因此可能导致运营商因提供接入而蒙受损失，从而运营商提供接入服务的积极性会受到影响。举例来说，中国电信固定电话用户呼叫本地中国联通移动用户，中国电信支付中国联通每分钟0.01元，中国联通提供接入服务的实际成本是每分钟0.06元，而中国电

[①] 中国联通2014年财务报告。

信对本地电话收费却是每分钟 0.11 元，是中国联通接入收入的 11 倍。但是，2014 年电信条例的修订使这一问题有所缓解。在非 TD‑SCDMA 专属号码段的接入价格规定中有利于中国电信和中国联通，在 TD‑SCDMA 专属号码段的移动互联中接入价格规定则是有利于中国移动。通过修订电信条例，把电信业产品或服务的定价权放手给运营商，由运营商根据市场供求状况，结合提供产品或服务所支付的成本自行确定电信业务资费标准。由于运营商也是追求利润最大化的，其依据生产经营成本和市场供求状况确定电信服务资费，从而以产品或服务本身的价格为依据决定的接入资费也将能够相对准确地反映电信服务成本，从而以服务的价格为基础再去进一步确定运营商之间的接入资费也相对合理。如果接入价格偏低，不能补偿提供接入的成本，从而不能反映运营商的运营效率，同时又增强了运营商进行非价格歧视和蓄意推诿互联的动机。

其次，对互联互通的监管不力，法律不完善。2001 年，信息产业部先后颁布《电信网间通话费结算办法》规定了网间接入资费标准；《公用电信网间互联管理规定》进一步规范运营商的网间互联接入行为。网间互联的规范化及监管必须有一系列的法规做依据，这些法规对网间互联确实起到了规范与监管的作用。但是，这些结算办法和管理规定却没有随着技术进步以及网间互联成本的变化而实时调整，直到 2013 年底才适当调整了三大运营商的网间结算标准。同时，由于监测技术滞后和认识上的差异导致现有法律法规建设落后，没有建立起完善的网间接入质量评价标准，[①] 监管部门和司法部门因为在法律上没有明确的采集检测机构数据的权利，数据取证一般比较困难，所以距离有效监管还有很长一段距离。

最后，以电信业务资费为基础的网间结算方法因为没有考虑不同运营商之间网络规模和用户规模的巨大差别，采取"一刀切"或简单的非对称管制对于占主导地位的运营商来说都是不公平的。主导运营商与新进运营商之间的矛盾也因为这种基于扭曲的零售资费标准的网间结算费用定价而进一步加剧。扭曲的结算费用会随着固定电话和移动以及移动和移动之间在零售市场竞争的加剧而变成一个一触即发的火药桶。

---

① 程瑶：《中国电信业竞争与合作的博弈分析》，合肥工业大学硕士学位论文，2007 年。

5.3.3　网间互联结算的改进

随着技术进步以及行业发展，光电网、电信网和互联网的高度融合，使得原有网间互联结算标准越来越不适应新的发展形势，加之原有结算方案中存在的问题，工业和信息化部 2020 年对网间结算标准进行修订，发布了政策，对互联网骨干网网间结算进行调整。下面是调整政策具体内容。

各省、自治区、直辖市通信管理局，中国电信集团有限公司、中国移动通信集团有限公司、中国联合网络通信集团有限公司、中国广播电视网络有限公司、中信网络有限公司，中国教育和科研计算机网网络中心、中国科学院计算机网络信息中心、中国国际电子商务中心、中国长城互联网网络中心：

为深入贯彻落实网络强国战略，构建科学合理的网间结算关系，加快推进网络设施建设和提速降费，促进我国互联网产业和数字经济发展，经深入研究论证，现对我国互联网骨干网网间结算政策予以调整。有关事项通知如下：①

（1）2020 年 7 月 1 日起，取消中国移动通信集团有限公司（以下简称"中国移动"）与中国电信集团有限公司（以下简称"中国电信"）、中国联合网络通信集团有限公司（以下简称"中国联通"）间的单向结算政策，实行对等互联，互不结算。7 月 1 日前，维持现有网间结算政策和结算标准，即中国移动应向中国电信、中国联通支付互联网骨干网网间结算费用，结算标准不高于 8 万/G。

（2）为扶持市场新进入者，激发市场活力、促进行业整体高质量发展，2020 年 1 月 1 日起，中国电信、中国移动和中国联通下调对中国广播电视网络有限公司、中信网络有限公司的互联网骨干网网间结算费用，下调比例不低于现有标准结算价的 30%。

（3）2020 年 1 月 1 日起，教育网、科技网、经贸网、长城网等公益性网络与中国电信、中国移动和中国联通的互联网骨干网之间实行免费互联。

---

① 《关于调整互联网骨干网网间结算政策的通知》，中华人民共和国工信部，mi-it. gov. cn，2020 年 2 月 25 日。

（4）各互联网骨干网互联单位应严格遵守相关法律法规，不得使用第三方违规带宽资源进行网络互联，确保各骨干网网间路由合规配置。

（5）中国教育和科研计算机网网络中心、中国科学院计算机网络信息中心、中国国际电子商务中心、中国长城互联网网络中心等公益性网络互联单位应严格遵守"专网专用"原则，不得利用公益性网络资源非法从事电信业务经营活动。

（6）工业和信息化部将实行以网间质量为核心的监督管理机制，依据《互联网骨干网网间通信质量监督管理办法》，加大网间扩容争议协调解决力度。对违反规定的互联单位，依法实施提醒、督办、约谈、警告、行政处罚等，保障网间通信畅通。

5.4 接入定价方式的国际比较及启示

5.4.1 电信业接入定价方式的国际比较

北美地区我们主要考虑美国和加拿大的电信业接入定价方式。美国政府为了降低电信业价格，在 1996 年通过新的《电信法》，采用严格的政策要求运营商按照 LRIC 原则，在规制政策许可范围内谈判确定接入价格。加拿大的接入价格则确定为因提供接入而发生的增量成本加上共同分摊成本，类似于前面所提到的完全成本分摊法。

英国电信业接入定价方式最初采用的也是完全成本分摊法，后来改革执行了一种类似有效成分定价的方式，1995 年又进一步调整，开始区分主叫接入与被叫接入，前者采取价格上限法，后者是以 LRIC 为基础加上一些共同成本。英国之外的其他欧盟国家的网络接入定价方式也比较多样化，因为在制定总原则时，欧盟委员会仅要求成员国在制定接入定价政策时以成本为基础，具体选择以成本为基础的哪种方式各成员国政府具有一定的自由度，可以是前向成本法，也可以是历史成本法或者完全成本分摊法。

澳大利亚采取了类似于 LRIC 的接入定价方法。政府认为在位者为进入者提供接入时发生了与产量有直接因果关系的成本，进入者应该只对其所使用的部分付费，在具体确定接入价格时采用了长期直接可归属增量成本，通过双方的协商，在位者和进入者之间合作得很好。墨西哥在 1997 年放开长途业务后，市场上进入了几家运营商，后进入者联合起来与在位者通过协商方式确定接入的价格，但是经过谈判最终没有达成一致性的协议，后来由政府出面确定了网络接入的价格。政府在确定接入价格时是以 LRIC 为依据，并加上了一些主观的考虑和方法。综合来看，在澳大利亚和墨西哥，网间接入定价方式不是政府决定而是由运营商自行协商确定接入价格，当双方难以达成一致协议时，政府才出面干预。新西兰则比较特殊一些，国有电信业私有化后也不存在管制机构，各运营商只需要遵守反垄断法即可，因此网络之间的接入价格完全是由运营商自行谈判来确定。在这种情况下，运营商之间通常是由纳什谈判方法确定谈判的接入价格，因为这种方法是建立在合作基础上，在一次既定的谈判中可以就利益冲突进行少量的交涉。根据纳什均衡结果，参与各方均分收益，因此，运营商各方都不会主动去改变纳什谈判确定的均衡接入价格。从而说明接入价格也可以放到运营商层次，由运营商自行谈判确定，毕竟市场这只"看不见的手"的作用还是不容忽视的。

综上所述，各国在电信业发展的不同阶段采用了不同的接入定价方式。结合世界各国的实践，在基于成本定价方法中基于完全成本分摊法是对主导运营商最有利的一种定价方式。使用完全成本分摊法所决定的接入资费应该足以弥补已经为此支付的所有相关成本，运营商提供接入服务所依赖的网络的所有前期费用均已包含其中。完全成本分摊法决定接入价格的国家代表有韩国、法国等国家。前瞻性长期增量成本却是主导运营商最不喜欢的一种接入定价方式，即完成互联互通业务需要而增加的实际物理成本支出。这一定价方法的国家代表有美国、西班牙、奥地利等国。

5.4.2　国际上接入定价方法的启示

1. 应该改变以资费为基础的接入定价决定方式，而把接入定价建立在成本基础之上

基于资费的接入定价方式，由于简捷方便，成为许多国家首选的定

价方式。然而，由于这种方式的低效、不灵活，而被大多数国家放弃。因为成本难以测量，所以基于成本的定价方式我国一直放置不用。但随着技术进步，各发达国家都能做到的，中国也将逐步转向基于成本的接入定价。基于资费的接入定价方式只有少数发展中国家采用，我国各项指标都在与世界接轨，在接入定价的方式上，也应该与国际接轨，方便电信业引入外资。

2. 通过施行新的定价方法，使价格回归成本

中国目前基于资费的接入价格严重偏离成本，通过为在位者和进入者提供正确的市场信号和激励机制，可以使价格回归成本。以成本为基础的接入定价与其他定价方式相比的优点在于：首先，通过估计关键设施的成本即可以确定接入资费价格，操作起来相对简单容易。其次，在存在 Bypass 机会的情况下，潜在的进入者可以依据成本为基础的接入定价方式确定自身是建造还是购买网络，从而可以避免无效的市场 Bypass 和重复建设。最后，这种接入定价相对公平，对不同地位的营运商不存在歧视定价问题。

3. 长期增量成本法是相对有效率的方法

长期增量成本接入定价方式在当前管制改革中是一种主导性方法。这种方法最早在 1995 年由英国电信管理局采用，此后，美国、欧盟也采用这种方法。这一方法在运营商有效运营的前提下，计算运营商成本时既照顾到了工程建设、机房、人员、管理等领域的成本，更重要的是把运营商建设网络发生的历史成本以及某一业务是否运营的成本差价估算、运营其他各种电信业务的成本等全部考虑进来。使用长期增量成本定价方式关键在于要确定一个有效的成本基准点，在此基准点上综合运营商的增量成本，因此，长期增量成本法不以运营商的实际成本为基础确定接入价格，而是采取了瞻前顾后的方法来评估接入的成本。长期增量成本法主要的优点在于消除了基于成本的追溯式接入定价中"成本相加"的特性，另外，这种方法既考虑了今后及未来可能的最经济技术进步，还给各运营商提供了降低成本的强有力激励，使运营商也愿意提供接入服务，保证市场的公平有效竞争，既可以节约社会资源，又可以提高消费者和社会的福利水平。

中国电信业自联通公司成立以来的改革始终体现出对电信业各运营商的不对称管制和对弱势运营商的政策扶植，目标是要形成适度竞争与运营商适度规模的有效竞争格局，既提高电信业效率，在规模上又可以与开放后的国际电信巨头相抗衡。根据中国电信业改革的目标和政策导向，中国未来电信网间接入价格的发展趋势将是以互联互通业务发生的实际物理成本支出为基础的前瞻性长期增量成本。在技术快速发展的今天，迫于 WTO 对电信业开放的压力，国外电信运营商进入后，网间接入的定价方法将可能演变为完全成本分摊法，目的是在当时情况下，要把运营商做大，扶植主导运营商是最容易见效的方法，因此网间接入将会选择完全成本分摊法。

5.5　电信业接入定价政策的目标

监管部门对电信业的规制通过接入定价这种政策手段可以实现多种不同的目标，常见的管制目标包括以下三种。

5.5.1　经济效益分配的有效性

在各种市场结构中，资源配置效率最高的市场是完全竞争市场，均衡时零售价格接近于边际成本，此时消费者和社会福利水平最高。随着垄断程度的提高，产品价格高于边际成本的幅度越来越大，尤其在电信业这种寡头垄断的市场格局下，资源配置效率损失更多，社会和消费者福利水平因垄断运营商的高零售价格而被降低。竞争的引入首先提高运营商之间的竞争程度，降低价格，提高资源配置效率和消费者福利水平。但是市场上的后进入者在进入初期无网络设施，只能申请向中国电信接入来为用户提供全面服务。因此，政府通过控制接入价格可以实现不对称管制，提高资源配置效率。而且，设定合理的接入价格，一方面可以减少一些不必要的重复建设，节约社会资源；另一方面充分有效利用现有网络资源，减少闲置浪费。[1]

---

[1]　骆品亮、林丽闽：《网络接入定价与规制改革：以电信业为例》，载《上海管理科学》2002 年第 4 期。

5.5.2 促进竞争实现生产的有效性

电信市场竞争的结果是消费者可以享受到高质量的电信服务，售后服务明显改善，产品和服务的种类多样化；业务资费降低，特别是移动通信市场上竞争度进一步提高，服务价格下降幅度较大，消费者满意度提高。技术革新和发展也因为竞争得到促进。通过制定合适的接入定价确实能达到提高市场竞争程度的目标，然而，接入价格的制定是建立在成本信息的基础之上。监管部门和运营商之间对成本信息的掌握是不对称的，因此制定出来的接入价格就很难准确地反映运营商提供接入发生的实际成本。所以，这种接入价格的管制也可能会带来市场的扭曲。通过逐渐放松管制，引入竞争，发挥市场自发作用确实可以实现很多政府管制无法实现的目标。然而，低效率企业的进入反而会因为效率低下，存在重复建设等因素增加社会损失，并且导致市场过于分散很难发挥电信业的规模效应。接入资费作为新进入者的主要成本，直接影响进入市场的企业数目和生产效率，只有效率足够高的企业进入才可以在该行业中生存下去，从而把接入价格的设计作为控制和考察新进入企业生产效率的手段。因此，合适的接入价格，既提高了行业竞争程度，又提高了资源的使用效率并节约了社会资源。

5.5.3 平等与社会职责

电信业的产品和服务具有"公共物品"特性，要求电信运营商开展普遍服务。然而从地理分布上来看，不同地区电信的运营成本差距是非常大的。针对一些偏远山村仅有的几户人家，铺设网络设施的成本高昂，也会占用较高的频率资源，因此在这些地区进行投入建设从经济上说就是"不可行"的。然而，出于公平又必须为这几户人家提供通信服务。要想让电信运营商承担这些平等的社会责任，只能允许运营商在企业内部不同地区或行业的不同环节采取"交叉补贴"的方式。为了扶植企业的进入，开始不需要承担普遍服务的社会责任，因此新进入者通常选择在那些利润较高的地区或业务领域进行经营，所以有了"撇奶油"的说法。在市场竞争中，这对主导运营商来讲是不公平的。

政府接入定价规制政策的这些目标之间在某种情况下可能存在一定的冲突。例如生产的有效性与竞争目标和平等及社会职责目标之间明显存在冲突。这种情况下就需要监管部门综合权衡利弊和轻重。

5.6 本 章 小 结

电信业的互联互通会因为接入定价方式的差异以及接入价格的高低而受到影响。接入定价的方式包括互不结算的方法、基于资费结算的接入定价，除了这两者当前最主要的是基于成本结算的接入定价方式。而基于成本结算的接入定价方式又区分为边际成本定价、拉姆塞定价、有效成分定价、前瞻性长期增量成本和完全成本分摊法。

电信业资费和价格已经放开，今后运营商之间接入价格的高低也将由运营商自行协商确定，可以互不结算或基于成本定价，基本原则是要确保竞争的市场环境，实现普遍服务的目标，提高经济效益。

第6章　通信行业运行效率分析

新古典经济学认为，对于某种资源配置，不存在至少一个人状况变好没有人因此受损的状态改变，那么此时的资源配置状态就是最优的，即帕累托最优。

萨缪尔森认为，在经济社会运行最有效率的时候，要想增加一种物品的生产就必须减少另一种物品的生产，有效率的生产组合应该位于其生产可能性边界上。①

如果用效率概念来评估某个企业的运行状况，指的是该企业要生产既定的产出使用了最小的成本或者在既定成本约束下生产了最大的产量。两种情况下都被称为微观效率。如果用效率概念评估一个经济体，指的是经济社会的总资源为了最大限度地满足人类无限多样的需求而在各种不同产品的生产之间实现有效配置。此种效率被称为宏观效率。

这里本书讨论的电信行业中各运营商的效率，故属于微观效率概念，具体包括资源配置效率、运营商生产经营效率和运营商的技术效率。

6.1　效率衡量标准

6.1.1　配置效率

这里配置效率是说明厂商市场势力对静态福利的影响，同时假设厂

---

① 保罗·萨缪尔森，威廉·诺德豪斯：《经济学》（第19版），商务印书馆2014年版。

商生产技术既定，采用效率最高的可利用技术。

消费者在购买商品的过程中愿意支付的价格总额与实际支付价格总额之间的差额就形成了消费者剩余的基础，而生产者剩余则是生产者在出售商品的过程中实际获得的价格支付总额与愿意获得的最小总支付之间的差额。消费者剩余与生产者剩余的加和共同决定了社会总福利水平。

出于简化分析，假设存在线性市场需求和一种规模报酬不变的技术（边际成本为固定常数 c）。在完全竞争的市场环境下，$p_c = c$，消费者购买量等于厂商的销售量 q_c。当行业独家垄断时，厂商的价格和产出分别为 p_m、q_m（见图 6 – 1）。

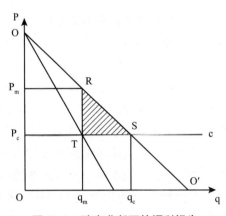

图 6 – 1　独家垄断下的福利损失

竞争性市场条件下，总福利为三角形 OP_cS，全部为消费者剩余，因为厂商利润为零生产者剩余也为零。而独家垄断情况下，总福利由 O、P_c、T、R 四点围成的面积来确定，独家垄断导致的效率净损失由三角形 RTS 来确定。

福利损失不仅仅由于实施独家垄断价格而发生，只要价格高于边际成本就产生福利损失。在所有不完全竞争的市场上，价格越高，市场势力导致的福利损失也就越严重，随着价格 P 接近于 P_m，表示福利损失的三角形面积会越来越大，说明福利随市场势力的提高而减小。

市场需求曲线越平坦，需求的价格弹性越大，厂商市场势力越小，福利净损失越小，社会总福利越大。独家垄断的市场类型中，市场需求曲线最陡峭，需求的价格弹性最小，厂商的市场势力最大，从而福利净损失最大，社会总福利会较小。

另外，净福利损失的大小还取决于市场规模。图 6-1 中需求截距（O′）可以看作市场规模。如果需求曲线 OO′平行移向原点，即保持倾斜程度不变的情况下截距变短了，那么与垄断相关的净损失的绝对值就会变得较小。

考虑到厂商为了保持和增强自己的垄断势力会努力利用自己的政治影响和游说能力去寻租，垄断厂商的寻租支出会进一步增加垄断造成的福利损失。

6.1.2　生产效率

生产无效率在垄断厂商的经营成本高于竞争环境下的生产经营成本时出现，因此它也是另外一种福利损失。这种效率损失甚至大于配置效率损失。

假设某一行业里既有其他竞争性的厂商，又有垄断性厂商，前者边际成本是 C，后者边际成本为 C′，二者同时开展经营活动并且 C′ > C，此时的福利损失会大于图 6-1 中独家垄断情况下的损失，即三角形面积 RTS。

如果独家垄断厂商以较高的成本 C′经营，利润最大化时的福利由面积 OR′VP′$_e$ 来确定。在竞争性均衡状态下，根据价格等于边际成本 c，此时的福利由面积 OSP$_e$ 来确定。因此，垄断造成的福利损失是 R′T′S 和 P′$_e$VT′P$_e$ 两块面积的总和，这要明显大于仅考虑配置无效率的净损失三角形 RTS。图 6-2 中阴影部分表示由垄断情况下外加垄断厂商生产无效率导致的福利损失追加。迪斯尼等（Disney et al.，2000）详细分析了竞争对生产率的影响，并且证实了生产率水平和增长速度会因为市场势力的增强而降低，实证的研究证实竞争在淘汰低效率厂商和提高生产率方面发挥了重要作用。这也是竞争政策的另一层含义：因为对低效率厂商的保护和补贴使得市场优胜劣汰的竞争机制难以把最优厂商选择出来，从而导致价格上涨和福利下降。

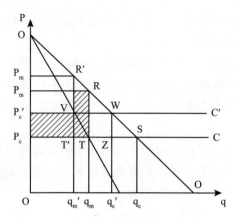

图 6-2 生产无效率导致的追加损失

竞争对选择高效率厂商会产生有利影响。假设在一个生产同质产品的行业里，各厂商就产量展开竞争；他们的效率水平不同（即采用不同的技术）。在厂商总数 n 中有 nk 家厂商采用高边际成本技术 c_h，而有 $n(1-k)$ 个效率较高的厂商能够以低边际成本 c_l 进行生产。假设需求由 $p = 1 - Q$ 给出，Q 是总产出。$Q = \sum_{i \in L} q_i + \sum_{j \in H} q_j$，L 和 H 分别表示低成本厂商和高成本厂商的集合。利润函数分别由 $\pi_j = (p(Q) - c_h) q_j$，$(j \in H)$ 和 $\pi_i = (p(Q) - c_l) q_i$，$(i \in L)$ 给出。利润最大化条件分别是：

$$-q_j + 1 - \sum_{i \in L} q_i - \sum_{j \in H} q_j - c_h = 0$$
$$-q_i + 1 - \sum_{i \in L} q_i - \sum_{j \in H} q_j - c_l = 0 \qquad (6-1)$$

求对称解，可简化如下：

$$q_h = \frac{1 - c_h - (1-k)nq_l}{1 + kn}, \quad q_l = \frac{1 - c_l - knq_h}{1 + (1-k)n} \qquad (6-2)$$

其中，q_h，q_l 分别表示高成本厂商和低成本厂商的产出。于是，均衡解为：

$$q_h^* = \frac{1 - c_h - n(1-k)(c_h - c_l)}{1 + n}$$
$$q_l^* = \frac{1 - c_l - kn(c_h - c_l)}{1 + n} \qquad (6-3)$$

均衡价格为：

$$p^* = \frac{1 + nkc_h + n(1-k)c_l}{1+n} \qquad (6-4)$$

其中，当 $c_h \leqslant [1+n(1-k)c_l]/[1+n(1-k)]$ 时，高成本厂商产出非负。n 越大，这个条件就越严格。因此，如果用行业内厂商数量来表示行业竞争程度，则在均衡条件下，竞争越激烈，低效率厂商就越有可能被淘汰出局。低效率厂商退出市场后，市场上只剩下 $n(1-k)$ 个采用相同低成本技术的厂商，每个厂商的产量和价格分别是：

$$q_l^{**} = \frac{1-c_l}{1+n(1-k)}; \ p^{**} = \frac{1+n(1-k)c_l}{1+n(1-k)} \qquad (6-5)$$

如果 $c_h > [1+n(1-k)c_l]/[1+n(1-k)]$，则 $p^* > p^{**}$，这一条件正好是高成本厂商被逐出市场的条件。因此低效率厂商退出通过降低市场价格增加了社会福利。

行业内厂商数量越多，单个厂商的市场势力越弱，但不能据此推断行业内厂商数量越多社会福利就越高，因为根据行业特征新进入的厂商如果要承担固定成本时，上述结论就不成立，尤其固定成本额度很大时。厂商数量的增加一方面会使消费者剩余和资源配置效率因市场竞争程度提高、价格下降而提高；另一方面又会产生生产效率的损失，因为厂商数量增加的同时会出现大量重复建设，使固定投入急剧增加。因此对福利的净效应是不确定的。在某一行业厂商数量最大化的政策不一定合理，因为配置效率与生产效率之间存在着这种此消彼长的关系。保护低效率的竞争者不是竞争政策的目标，竞争政策的目标应该保护竞争，促进市场效率提高。

6.1.3　技术效率

法雷尔（Farrell，1957）最早把技术效率定义为既定投入下厂商的最大产出水平。莱宾斯坦（Leibenstein，1966）与法雷尔（Farrell，1957）定义技术效率的前提是相同的，即投入一定，在莱宾斯坦定义中实际产出与最大产出的比值即为技术效率。总之，技术效率是指既定成本条件下最大化产出的水平，或者既定产出水平下成本最小化的能力。企业的管理和技术等因素决定企业的纯技术效率，规模因素决定规模效率，二者共同决定技术效率，二者乘积即为技术效率。

6.2 电信业效率的测算

6.2.1 效率含义及分析工具

法雷尔（1957）以投入为导向，给出了最初的效率测度的含义。

假设规模报酬不变的厂商，生产条件是两投入一产出。已知全效率厂商的单位等产量线 SS′，即厂商的单位等产量曲线；DD′则表示与既定要素价格对应的等成本线。P 点表示厂商用既定的两种要素 x_1 和 x_2 生产一单位产出，技术无效率可以用 QP 的长度表示，表示既定产出下所有要素投入按比例减少的大小。生产一单位产出时所有投入减少的百分比用 QP 在 OP 中所占的比例表示。

用 OQ 距离在 OP 距离中的比例表示厂商的技术效率（technology efficiency index，TEI），从数学上来讲等于 $1 - \dfrac{QP}{OP}$。它的取值在 0 与 1 之间，取最大值时表示技术完全有效，因此提供了厂商技术无效的指标。

用 OR 距离在 OQ 距离中比例表示 P 点生产的配置效率（allocate efficiency index，AEI）。因为 RQ 的存在说明当前的生产在技术上是有效的，但在配置上是无效的，因为 Q′生产比 Q 点生产使用了更少的成本，所以 Q′点的生产在配置上才是有效的。用 OR 距离在 OP 距离中所占的比例表示生产的总经济效率（economy efficiency，EEI），RP 的距离可以解释为成本降低（见图 6-3）。

根据前面的定义，总经济效率就等于技术效率与配置效率的乘积即最终可以用 OR 距离在 OP 距离中所占的比例来表示。

法雷尔同时提出了产出导向的效率测度的含义。分析思路与投入导向相似，此时以成本条件既定时，分析如何使产量更大。无论哪种导向的技术效率测量与谢泼德（1970）投入产出距离模型是一枚硬币的两面，形式不同实际上却是等价的。

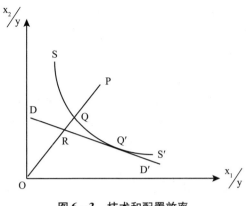

图 6 – 3 技术和配置效率

以法雷尔（1957）和谢泼德（1970）为出发点，基于投入产出的厂商效率测度发展出随机前沿的参数分析法和数据包络的非参数分析法，现实中往往无法预知投入以及产出相关的函数模型形式，因此随机前沿分析法受到极大限制，而数据包络分析方法则不需要提前预知函数形式，因此更具有灵活性。因此，本书在对电信企业运营效率进行评价时运用数据包络分析法（DEA）。

运用 DEA 数据包络分析方法衡量效率的思想最初源自法国数量经济学家法雷尔（1957）在其对英国农业生产力进行分析时提出的包络思想。这种方法通过数学规划确定经济上类似于随机前沿分析法得到的效率前沿面，该前沿面包含所有可能的投入产出组合，因此称为包络分析。通过对技术效率和配置效率的评估，然后用二者的乘积来判断决策单元的总生产效率。通过把所有决策单元的生产组合投影到平面得到效率边界，可以判断不同决策单元的生产效率。以投影点是否落在边界上作为判断决策单元生产效率的标准，落在边界上的绩效等于 1，否则绩效小于 1，从而仍然存在改进的余地。

运用非参数法研究生产函数进而判断某些投入—产出组合是否是有效率的生产。数据包络分析方法操作简单而且不需要预先考虑函数形式，不需要对生产函数进行估计，比较受欢迎。但是该方法提出之初只用于对单一产出的生产经济主体的效率进行评估，如果想运用这种方法对拥有两个或两个以上产出的决策单元进行分析却十分困难。

美国运筹学家查恩斯等（Charnes et al.，1978）基于法雷尔

（1957）的效率分析模式，借助于对偶理论，提出 CCR 模型，用于衡量固定规模报酬下的多产出效率情况。CCR 模型除了具有 Farrell 模型的效率衡量功能，还可以发现无效率的决策单元并指出投入与产出如何调整以提高效率。本克等（Banker et al.，1984）提出了建立在规模报酬可变假设下的 BCC 模型。BCC 模型通过技术效率与规模效率共同衡量，判断总体经济效率。与 CCR 模型相比，BCC 模型更侧重于分析既定产出下如何实现成本的最小。

6.2.2 BCC 理论模型

BCC 模型是由早期的 CCR 模型发展而来。

查恩斯等（1978a，1979）借助数学规划工具，定义了测度厂商（决策单元）效率的指标。

$$\max h_0 = \frac{\sum\limits_{r=1}^{s} u_r y_{r0}}{\sum\limits_{i=1}^{m} v_i x_{i0}}$$

$$\text{s.t.} \quad \frac{\sum\limits_{r=1}^{s} u_r y_{rj}}{\sum\limits_{i=1}^{m} v_i x_{ij}} \leqslant 1 \quad j = 1, \cdots, n, \tag{6-6}$$

$$u_r, v_i > 0, \ i = 1, \cdots, m; \ r = 1, \cdots, s$$

其中，y_{rj}，$x_{ij} > 0$ 是观测到的厂商 j（决策单元 j）投入与产出数据。u_r，v_i 分别是产出 r 和投入 i 的权重系数。

DEA 就是以观测数据为依据，构造一个非参数的包络前沿，使所有观测到的数据都在前沿上或前沿下。其中，借助于数学规划来选择最优的权重。模型就变为：

$$\max h_0 = \frac{uy_1}{vx_1}$$

$$\text{s.t.} \ \frac{uy_1}{vx_1} \leqslant 1, \ \frac{uy_2}{vx_2} \leqslant 1, \ \frac{uy_3}{vx_3} \leqslant 1, \ u, \ v > 0 \tag{6-7}$$

假定，单投入单产出。图 6-4 中 P_1、P_2、P_3 分别表示 3 个不同的决策单元。生产函数曲线表示在现有技术水平下，每一投入对应了最大的产出水平，因此 P_1、P_2 都实现了相应投入的最大产出，而 P_3 在生产函数曲线下方，与 P_1 相比相同的要素投入获得了较低的产出，明显是无效率的。射线 OP1 与生产函数曲线相切，并在射线 OP_2P_3 上方，从而有 $y_1/x_1 > y_2/x_2 = y_3/x_3$，说明 P_1 对应的决策单元是有效的，而决策单元 P_2、P_3 是无效率的。

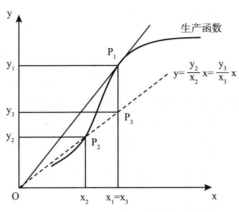

图 6-4　不同生产组合的效率差异

针对单投入单产出的线性规划（6-7）求解，假定 u^*、v^* 为最优解，则有：

$$u^* y_1/v^* x_1 = 1 \text{ 同时，} u^* y_2/v^* x_2 = u^* y_3/v^* x_3 < 1$$

通常情况下，我们对于生产函数相关信息是不了解的，因此只能借助于观测到的投入与产出数据通过微调的方式尽可能地逼近生产函数曲线，获得效率生产前沿，数据包络分析（DEA）方法的基本思想就在于此。

本克等（1984）以查恩斯理论为基础，借助于谢泼德（1970）的距离函数，提出了规模报酬可变假设下的 BCC 模型。

假定某行业有 n 个厂商，(X_j, Y_j) 表示厂商 j 的投入和产出，其中 $X_j = (x_{1j}, \cdots, x_{ij}, \cdots, x_{mj})$ 为厂商 j 的某种投入数据，$Y_j = (y_{1j}, \cdots, y_{rj}, \cdots, y_{sj})$ 为厂商 j 的 s 种产出数据。假定在 m 种投入中至少一种投入是正的，并且在 s 种产出中至少一种产出是正的；同时假定 n 个厂商使用了同类要素生产同类产品。生产可能性集合表示为：

$$T = \langle (X, Y) \mid Y \geq 0, X \geq 0 \rangle$$

另外：

$L(Y) = \langle X \mid (X, Y) \in T \rangle$ 表示每一产出 Y 对应的投入可能性集合。

$P(X) = \{X / (X, Y) \in T\}$ 表示每一投入 X 对应的产出可能性集合。

生产可能性集合 T 满足下面四点假定：

假定一：凸性集合。如果 $(X_j, Y_j) \in T$，$j = 1, \cdots, n$，并且，$\lambda_j \geq 0$ 从而 $\sum_{j=1}^{n} \lambda_j = 1$，那么，$(\sum_{j=1}^{n} \lambda_j X_j, \sum_{j=1}^{n} \lambda_j Y_j) \in T$。

假定二：无效率假定。如果 $(X, Y) \in T$，并且 $\overline{X} \geq X$，那么，$(\overline{X}, Y) \in T$；如果 $(X, Y) \in T$，并且 $\overline{Y} \leq Y$，那么，$(X, \overline{Y}) \in T$。

假定三：集合无界。如果 $(X, Y) \in T$，那么，$(kX, kY) \in T$，对任意 $k > 0$。

假定四：最低推断条件假定。T 是同时满足假定一、二、三的观察值集合 $\hat{T}$ 的交集，$(X, Y) \in \hat{T}$，$j = 1, \cdots, n$。

谢泼德（1970）定义投入可能性集合 L(Y) 的距离函数为 g(X, Y)，并且 $g(X, Y) = \dfrac{1}{h(X, Y)}$，这里 $h(X, Y) = \min\{h: hX \in L(Y, h \geq 0)\}$。通过数学代换，可以得到：

$$\min h$$

$$\text{s. t. } hX - \sum_{j=1}^{n} \mu_j X_j \geq 0, \sum_{j=1}^{n} \mu_j Y_j \geq Y \qquad (6-8)$$

$$\mu_j \geq 0, j = 1, 2, \cdots, n$$

这是一个线性规划问题，运用对偶理论，其对偶形式为：

$$\max U^T Y$$

$$\text{s. t. } V^T X = 1, U^T Y_j - V^T X_j \leq 0, j = 1, \cdots, n, U \geq 0, V \geq 0$$

$$(6-9)$$

其中，$U^T \equiv (u_1, \cdots, u_r, \cdots, u_s)$　　$V^T \equiv (v_1, \cdots, v_i, \cdots, v_m)$

等价于下面的分式规划：

$$\max h = \frac{U^T Y}{V^T X}$$

$$\text{s. t. } \frac{U^T Y_j}{V^T X_j} \leq 1, j = 1, \cdots n, U, V \geq 0 \qquad (6-10)$$

即为查恩斯（1978）所提出的 CCR 模型中的测度效率的线性规划问题，不同之处在于投入和产出的权重系数只需要满足非负。

本克（1984）进一步引入非阿基米德数（non - Archimedeanquantity）

ε 使问题更加清晰化。

$$\max z_0 = \sum_{r=1}^{s} u_r y_{r0}$$

$$\text{s. t.} \sum_{i=1}^{m} v_i x_{i0} = 1 \qquad (6-11)$$

$$\sum_{r=1}^{s} u_r y_{rj} - \sum_{i=1}^{m} v_i x_{ij} \leq 0, j = 1, \cdots, n, u_r, v_i \geq \varepsilon > 0$$

其对偶形式为下面线性规划:

$$\min w_0 - \varepsilon \left[\sum_{i=1}^{m} s_i + \sum_{r=1}^{s} s_r' \right]$$

$$\text{s. t.} \ w_0 x_{i0} - \sum_{j=1}^{n} x_{ij} - s_i = 0 i = 1, \cdots, m$$

$$\sum_{i=1}^{n} y_{rj} \lambda_j - s_r' = y_{r0} \quad r = 1, \cdots, s$$

$$\lambda_j, \ s_i, \ s_r' \geq 0, \ \forall i, j, r \qquad (6-12)$$

针对上式,当取消假定三时,意味着在既定规模下去推断最有效决策单元的运行效率,从而把注意力集中到测度每一个既定规模决策单元的生产无效性,然后建立起效率测度程序可以对位于效率前沿上的决策单元效率进行排序,其中可能存在某些决策单元没有以最有效规模运行。

取消假定三之后,生产可能性集合满足假定一、假定二和假定四的情况下,生产可能性集合中的向量（X,Y）满足下式:

$$X \geq \sum_{j=1}^{n} \lambda_j X_j, \ Y \leq \sum_{j=1}^{n} \lambda_j Y_j \quad \lambda_j \geq 0, \ j = 1, \cdots, n, \ 并且, \ \sum_{j=1}^{n} \lambda_j = 1$$

此时,谢泼德投入距离函数对偶形式如下:

$$\max \sum_{r=1}^{s} u_r y_{r0} - u_0$$

$$\text{s. t.} \sum_{r=1}^{s} u_r y_{rj} - \sum_{i=1}^{m} v_i x_{ij} - u_0 \leq 0, j = 1, \cdots, n, \qquad (6-13)$$

$$\sum_{i=1}^{m} v_i x_{i0} = 1, u_r, v_i \geq 0, u_0 \text{ 符号无约束}$$

等价于下面的分式规划问题:

$$\max \frac{\sum_{r=1}^{s} u_r y_{r0} - u_0}{\sum_{i=1}^{m} v_i x_{i0}}$$

$$\text{s. t.} \quad \frac{\sum\limits_{r=1}^{s} u_r y_{rj} - u_0}{\sum\limits_{i=1}^{m} v_i x_{ij}} \leq 1, \ \forall j, \ u_r, \ v_i \geq 0 \qquad (6-14)$$

u_0 符号无约束。

由于无法分离规模变量，退而求此次，可以分析效率前沿面上的某一点（X_E，Y_E）附近规模发生变化对效率的影响。

因此，假定存在如下超平面：

$$\sum_{r=1}^{s} u_{r_r}^* y_r - \sum_{i=1}^{m} v_{i_i}^* x_i - u_0 = 0 \qquad (6-15)$$

其中，y_r，x_i 为变量，该超平面对应于生产可能性集合 T。

由于（X_E，Y_E）是有效率的，因此有：

$$\frac{U^{*T} Y_E - u_0^*}{V^{*T} X_E} = 1 \ \text{或者} \ U^{*T} Y_E - V^{*T} X_E - u_0^* = 0$$

只要线性规划问题的最优解 U^*，V^*，u_0^* 是唯一的，上面的超平面就是唯一的。这样，（X_E，Y_E）附近的点（X_D，Y_D）只要满足 $U^{*T} Y_D - V^{*T} X_D - u_0^* \leq 0$，那么点（$X_D$，$Y_D$）就在生产可能性集合内。

根据本克（1984）分析，在超平面上的不同点相较于（X_E，Y_E）意味着厂商（决策单元）生产规模的变化，当规模变化时其报酬结果取决于 u_0^* 的符号。u_0^* 大于零等价于规模报酬是递减的；u_0^* 小于零等价于规模报酬是递增的；u_0^* 等于零等价于规模报酬是不变的。

当用面板数据测算运营商运营效率进而反映行业效率时，使用传统 DEA 模型评价面板数据会与 DEA 模型的假设条件产生矛盾，此时就会考虑用马奎斯特（Malmquist，1953）分析消费时提出的以其名字命名的指数分析法。马奎斯特指数模型是对各个决策单元不同时期数据的动态效率分析，包括综合技术效率变化以及技术进步指数。凯维思等（Caves et al.，1982）首次用它作为投入、产出以及对应的生产效率指数分析。法瑞等（Fare et al.，1994）将马奎斯特指数的非参数线性规划法与 DEA 理论相结合，在测度厂商生产效率中得到越来越广泛的应用。借助于 DEA 线性规划和马奎斯特指数测度全要素生产率（TFP）的变化，并由技术进步和技术效率的变化来进行解释，这一方法还可以运用到面板数据测度企业综合效率分析中。

根据基本理论，组织管理水平和技术进步两个因素共同决定全要素生产率的水平，而组织管理水平又由技术水平发挥、规模因素和要素配置三个因素决定，技术进步又来自要素质量的提高和科学技术的发展。因此，与 DEA 结合后，马奎斯特指数测度的全要素生产率就表现为以下形式：

马奎斯特指数（TFP）= 综合技术效率变化指数 × 技术进步指数

或 马奎斯特指数 = 纯技术效率指数 × 规模效率指数 × 技术进步指数

假设模型考察 n 个决策单元在 T 个生产时期的生产效率问题。$D_{rt}(X_{rt+1}, Y_{rt+1})$ 表示决策单元 r 在 t+1 时期的生产效率，此时效率的测算是以 t 时期生产前沿面为基准的，其中，X_{rt} 与 X_{rt+1}，Y_{rt} 与 Y_{rt+1} 分别代表时期 t 和 t+1 期里中决策单元 r（r=1, …, n）的投入与产出向量，则其（t, t+1）期的马奎斯特指数为：法瑞（Fare et al., 1994）定义的马奎斯特生产力指数以产出为基础，形式如下：

$$m_O(y_{t+1}, x_{t+1}, y_t, x_t) = \left[\frac{d_O^t(x_{t+1}, y_{t+1})}{d_O^t(x_t, y_t)} \times \frac{d_O^{t+1}(x_{t+1}, y_{t+1})}{d_O^{t+1}(x_t, y_t)}\right]^{\frac{1}{2}} \quad (6-16)$$

表示与点 (x_t, y_t) 相比较，点 (x_{t+1}, y_{t+1}) 的生产力。指数大于 1 表示从 t 期到 t+1 期出现一个正的 TFP 增长。从公式可以看出，马奎斯特指数包含两个因数，一个是 t 时期的技术指数，另一个是 t+1 时期的技术指数，其中每个指数又都是分式的形式，因此，必须计算四个函数，两两相除之后的结果才可以用来计算马奎斯特指数。而这四个函数形式相似，是四个线性规划问题。

规模报酬的不同假设对该指数的计算结果没有影响，CCR 与 BBC 模型都是用于计算各种距离的，马奎斯特指数是建立在这些距离之上的。因此，假设规模报酬不变。t 期 (x_t, y_t) 点效率测度的线性规划问题如下：

$$\max{}_\varphi \lambda\omega = \left[d_O^t(x_t, y_t)\right]^{-1}$$
$$\text{s. t. } -\omega y_{it} + Y_t\lambda \geq 0$$
$$x_{it} - X_t\lambda \geq 0$$
$$\lambda \geq 0 \quad (6-17)$$

其他三个线性规划问题可以相同方式给出：

$$\max{}_\varphi \lambda\omega = \left[d_O^{t+1}(x_{t+1}, y_{t+1})\right]^{-1}$$
$$\text{s. t. } -\omega y_{i,t+1} + Y_{t+1}\lambda \geq 0$$
$$x_{i,t+1} - X_{t+1}\lambda \geq 0$$

$$\lambda \geqslant 0 \qquad (6-18)$$

$$\max_{\varphi} \lambda \omega = \left[d_O^t(x_{t+1}, y_{t+1}) \right]^{-1}$$

$$\text{s. t.} \ -\omega y_{i,t+1} + Y_t \lambda \geqslant 0$$

$$x_{i,t+1} - X_t \lambda \geqslant 0$$

$$\lambda \geqslant 0 \qquad (6-19)$$

$$\max_{\varphi} \lambda \omega = \left[d_O^{t+1}(x_t, y_t) \right]^{-1}$$

$$\text{s. t.} \ -\omega y_{it} + Y_{t+1} \lambda \geqslant 0$$

$$x_{it} - X_{t+1} \lambda \geqslant 0$$

$$\lambda \geqslant 0 \qquad (6-20)$$

需要注意的是，规划(6-19)与规划(6-20)是对应生产点的技术是不同时期进行对比的，需要 ω 参数≥1。当 t+1 时期的生产点和 t 时期生产点的技术进行对比时，生产点可能在可行的生产组合上方。我们要注意的是，在四个线性规划里面 ω 和 λ 的值可能是不同的。

6.2.3　电信业效率测算

鉴于 CCR 模型的不足和 BCC 模型的好处，木书选择应用 BCC 模型评估电信业生产效率。

本书考察的是中国电信业三家运营商的相对效率，所选样本是三家运营商的半年度数据。不同的国内外学者在运用 DEA 方法研究电信业效率时在投入产出指标选定方面是不同的。借鉴国内外学者的做法，本书选择人工成本和资产净值作为投入指标，选择用户数量和主营业务收入作为产出指标。其中，人工成本内容较多，本书选择占比最大的职工工资总额作为衡量指标，因为职工工资总额在人工成本中所占比例最大。资产负债表中资产减去负债得到的差额记为资产净值，作为投入之一。用户数量为合并计算的各运营商不同业务用户总量的加总。主营业务收入是指企业经常性的主要业务所产生的基本收入，对于通信运营商来讲主营业务收入即是运营商通过提供语音通话、增值数据服务等获取的收入，不包括兼营业务收入以及营业外收入，在运营商业绩报告中用主营业务收入指标表示。

　　样本数据选择 2009～2019 年的半年度数据，数据来源于中国移动，① 中国电信和中国联通的半年和年度报告。② 以投入为导向按规模报酬可变进行计算，运用 DEAP2.1 软件测度两投入两产出下三家运营商在不同时段的相对效率值和每家运营商各自效率变化结果。Malmquist 指数分运营商与分年度结果分别见表 6 - 1 与表 6 - 2。

表 6 - 1　两投入两产出 DEA 模型 2009～2019 年三家运营商相对运营效率比较

运营商	技术效率变化（CRS）	技术变化	纯技术效率变化(VRS)	规模效率变化	全要素生产率变化
中国移动	1.000	0.959	1.000	1.000	0.959
中国电信	1.000	1.008	1.000	1.000	1.008
中国联通	0.995	1.002	1.000	0.995	0.997
均值	0.998	0.990	1.000	0.995	0.997

表 6 - 2　　2009～2019 年半年度两投入两产出马奎斯特指数

时期	技术效率变化（CRS）	技术变化	纯技术效率变化(VRS)	规模效率变化	全要素生产率变化
2	1.000	1.007	1.000	1.000	1.007
3	1.000	1.019	1.000	1.000	1.019
4	1.000	1.008	1.000	1.000	1.008
5	1.000	1.009	1.000	1.000	1.009
6	1.000	0.995	1.000	1.000	0.995
7	1.000	1.037	1.000	1.000	1.037
8	1.000	1.023	1.000	1.000	1.023
9	1.000	1.043	1.000	1.000	1.043

　　① 中国移动 2014 年和 2015 年中期报表说明，2014 年中期雇员 19.8 万名，人工成本 181 亿元，占营运收入比重为 5.6%；到了 2015 年中期，根据《中华人民共和国劳动合同法》(修正案) 及配套法律法规羊干降低劳务派遣用工占总人工比例的要求，调整和优化用工结构，雇员及劳务用工达到 46.1 万名，人工成本为 340 亿元，占营运收入比重为 10%，2015 年底，薪金、工资、劳务费及其他福利款加员工退休金总额 74805 亿元。
　　② 中国联通 2013 年中期数据说明，为与同业公司口径一致，公司本年度开始对宽带用户口径做如下调整，纳入互联网普通专线用户数，同时 LAN 专线用户不再进行折算。

时期	技术效率变化（CRS）	技术变化	纯技术效率变化(VRS)	规模效率变化	全要素生产率变化
10	1.000	1.009	1.000	1.000	1.009
11	1.000	0.978	1.000	1.000	0.978
12	1.000	0.951	1.000	1.000	0.951
13	1.000	0.888	1.000	1.000	0.888
14	1.000	0.943	1.000	1.000	0.943
15	1.000	1.033	1.000	1.000	1.033
16	1.000	0.962	1.000	1.000	0.962
17	1.000	1.017	1.000	1.000	1.017
18	0.980	0.941	1.000	0.980	0.922
19	1.020	0.989	1.000	1.020	1.009
20	0.969	0.995	1.000	0.969	0.964
21	1.032	0.998	1.000	1.032	1.030
22	0.968	0.951	1.000	0.968	0.921
均值	0.998	0.990	1.000	0.998	0.988

由于马奎斯特指数是由下一期 TFP 与上一期 TFP 相除而得到，即表 6-1 最后一列的 TFP 的变化。表 6-1 与表 6-2 结果显示，当运用两投入两产出 DEA 运算马奎斯特指数时，得出的结果差异性比较小，所有年份纯技术效率都为 1，说明现有技术已经充分利用，仅体现出技术进步对全要素生产率变化的影响。在 2009 年至 2017 年上半年期间，纯技术因素和规模因素变化对全要素生产率的变动基本没有影响，全要素生产率的变动主要来自技术进步的影响。自 2017 年下半年开始，规模因素变动通过作用于综合技术效率进而使得全要素生产率产生更大幅度的波动。这里分析主要原因在于投入产出变量总数超过决策单元的数量。根据 DEA 通常的做法，决策单元数量在投入产出总数两倍以上为佳。因此，考虑去掉用户数量这个产出变量，运用两投入—产出 DEA

模型重新考察马奎斯特指数变化情况，首先是半年度的结果。

由表 6－3 和图 6－5 可以看出，由于纯技术效率变化都等于 1 说明运营商已经充分利用了现有技术。技术效率指数都大于 1，是上升的，说明运营商的管理水平和服务质量进一步提高；从技术变化来看，在重组初期由于 2009 年 4G 的应用和普及技术进步是比较快的，技术进步的变化多数大于 1，说明中国电信业在采用新技术上是比较成功的。从全要素生产率来看，多数年份是增长的趋势，基本都是大于零，而且多数时间段在 2% 以上，只有 2015 年下半年全要素生产率下降了 9.6%。因此，可以得出重组的效果在初期比较明显，随后有所下降。

表 6－3　　2009～2019 年半年度两投入一产出 DEA 计算的马奎斯特指数

时期	技术效率变化	技术变化	纯技术效率变化	规模效率变化	全要素生产率变化
2	0.991	1.024	1.000	0.991	1.015
3	1.042	0.962	1.000	1.042	1.002
4	1.005	1.004	1.000	1.005	1.009
5	1.019	1.003	1.000	1.019	1.022
6	1.010	1.010	1.000	1.010	1.005
7	1.018	1.018	1.000	1.018	1.029
8	1.000	1.031	1.000	1.000	1.031
9	1.000	1.049	1.000	1.000	1.049
10	1.000	1.019	1.000	1.000	1.019
11	1.000	0.966	1.000	1.000	0.966
12	0.998	0.932	1.000	0.998	0.930
13	1.002	0.902	1.000	1.002	0.904
14	0.989	0.949	1.000	0.989	0.939
15	1.012	1.053	1.000	1.012	1.065
16	0.981	0.963	1.000	0.981	0.945

时期	技术效率变化	技术变化	纯技术效率变化	规模效率变化	全要素生产率变化
17	1.017	1.027	1.000	1.017	1.045
18	0.919	0.974	1.000	0.919	0.895
19	1.034	1.002	1.000	1.034	1.036
20	0.979	0.928	1.000	0.979	0.909
21	1.023	1.028	1.000	1.023	1.052
22	0.996	0.908	1.000	0.996	0.905
均值	1.001	0.986	1.000	1.001	0.988

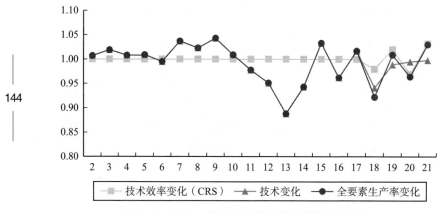

图 6-5　2009~2019 年运营商马奎斯特指数分解

由表 6-4 运营商层面分析结果显示,三家运营商的平均技术效率改变和规模效率改变都大于 1,只有中国移动因规模效率增长率下降导致技术效率改变小于 1,说明中国移动的规模经济效应早于中国电信和中国联通呈现下降趋势,开始进入规模不经济的过程。从技术变化来看,结果和时间序列一致,技术进步的变化多数大于 1,说明中国电信业在采用新技术上是比较成功的。从全要素生产率来看,中国移动最低,下降了 4.2%,而中国电信(0.4%)和中国联通(0.1%)都呈现了上升趋势,与时间序列的结果也是一致的。中国移动规模的扩大,导致管理费用增加,效率呈现下降趋势。

表 6-4   两投入一产出 DEA 模型 2009~2019 年三家运营商
相对运营效率比较

运营商	技术效率变化	技术变化	纯技术效率变化	规模效率变化	全要素生产率变化
中国移动	1.000	0.958	1.000	1.000	0.958
中国电信	1.000	1.004	1.000	1.000	1.004
中国联通	1.004	0.997	1.001	1.004	1.001
均值	1.001	0.986	1.000	1.001	0.988

6.3 市场结构与运营商生产效率的相关性分析

利用 DEA 运营商生产效率的分析结果,可以进一步考察通信行业市场结构对运营商生产效率的影响。这里,市场结构指标通过通信市场上三家厂商的用户数量的市场占有率(Rate of marketconcentration)计算的 HHI 指数来衡量,公式为:

$$HHI = \sum \left(\frac{s_i}{\sum s_i} \right)^2 \times 10000$$

其中,s_i 表示运营商市场占有率;生产效率用马奎斯特 DEA 中全要素生产率衡量。数据期限以 2009 年上半年为基期截止到 2019 年底的半年度数据,即 22 个半年。但是,由于马奎斯特指数是本期与上一期全要素生产率相除计算的结果,共有 21 期数据,构成了 3 个截面 21 期的小面板数据,见表 6-5。

表 6-5   运营商市场占有率、HHI 指数与全要素生产率 TFP

年份	中国移动	中国电信	中国联通	HHI	平均TFP(×100)
2009 年下	0.470904208	0.270367055	0.258728738	3618	100.7
2010 年上	0.475589226	0.27020202	0.254208754	3638	101.9
2010 年下	0.475812847	0.270420301	0.253766852	3639	100.8
2011 年上	0.472501936	0.271882262	0.255615802	3625	100.9

续表

年份	中国移动	中国电信	中国联通	HHI	平均 TFP（×100）
2011 年下	0.474106492	0.272064187	0.253829322	3632	99.5
2012 年上	0.471034483	0.272413793	0.256551724	3619	103.7
2012 年下	0.467412772	0.272547729	0.2600395	3604	102.3
2013 年上	0.466876972	0.27192429	0.261198738	3601	104.3
2013 年下	0.467113276	0.269183922	0.263702801	3602	100.9
2014 年上	0.473086124	0.259569378	0.267344498	3627	97.8
2014 年下	0.476668636	0.25753101	0.265800354	3642	95.1
2015 年上	0.4820059	0.259587021	0.25840708	3665	88.8
2015 年下	0.484741784	0.261150235	0.254107981	3677	94.3
2016 年上	0.492932862	0.268551237	0.238515901	3720	103.3
2016 年下	0.493604651	0.270348837	0.236046512	3725	96.2
2017 年上	0.49289369	0.274019329	0.233086981	3724	101.7
2017 年下	0.489244346	0.27854385	0.232211804	3709	92.2
2018 年上	0.479872881	0.287076271	0.233050847	3670	100.9
2018 年下	0.476313079	0.290937178	0.232749743	3657	96.4
2019 年上	0.471270161	0.295866935	0.232862903	3639	103.0
2019 年下	0.473579262	0.299102692	0.227318046	3654	92.1

运用 Stata12，对市场占有率与全要素生产率之间的关系进行回归分析。首先 Hausman 检验结果如下：

在表 6-6 的豪斯曼检验中，原假设：随机效应模型为正确模型。无论原假设成立与否，固定效应估计值都是一致的。然而，如果原假设成立，则随机效应模型比固定效应模型更有效；如果原假设不成立，则随机效应估计值不一致。b 表示在原假设和备择假设下，面板数据回归的一致性结果。B 表示备择假设下的不一致估计或原假设下的有效估计结果。

$$\mathrm{chi2}\,(\,1\,) = (\,b - B\,)\,{}'\!\big[\,(\,V\_b - V\_B\,)\hat{\ }(\,-1\,)\,\big]\,(\,b - B\,) = 0.\,11,$$
$$\mathrm{Prob} > \mathrm{chi2} = 0.\,7441$$

这里原假设是随机效应模型成立，由于 P 值大于 0.7441，从而原假设成立，在估计时应选择随机效应模型。

表 6 - 6　　　　　　　　　　豪斯曼检验

	b	B	b - B	Sqrt[diag(b - B)]
	固定效应	随机效应	偏差	b 与 B 偏差的协方差矩阵
市场份额	- 583.0846	- 102.2589	- 480.8257	1472.902

由表 6 - 7 随机效应模型估计的结果可以发现，对运营商市场占有率与生产效率之间的相关关系的拟合并不太理想，总体拟合优度只有 0.1711，但也大致反映出厂商市场占有率与生产率之间反向的关系。因此考虑传统电信市场只有三家运营商，利用用户数量求得赫芬达尔—赫希曼指数（HHI）衡量传统电信市场的市场结构，用马奎斯特指数中全要素生产率半年度均值代表运营商总体的生产效率，考察 HHI 与 TFP 之间的相关程度。

147

表 6 - 7　　　　市场结构与生产效率相关性分析（面板模型）

广义最小二乘法				观察值个数：63			
总体 R2：0.1711				截面数：3			
Corr(u_i, X) = 0				Prob > chi2 = 0.6124			
TFP	参数估计值	标准差	z	P > | z |	95% 置信区间		
市场占有率	- 102.2589	201.8174	- 0.51	0.612	- 497.8137	293.2958
常数项	51.39431	70.4341	0.73	0.466	- 86.6540	189.4426

表 6 - 8 为简单一元线性回归结果。拟合优度 0.1190，t 检验也不显著。

表 6 – 8　　　　　市场结构与生产效率相关性分析（简单线性回归）

方差来源	ss	自由度	MS	样本个数 = 21		
回归平方和	0.0045	1	0.0045	Prob > F = 0.1256		
残差平方和	0.00175	7	0.0002	R – squared = 0.1190		
总体平方和	0.00205	8	$F_{(1, 19)} = 2.57$			
TFP	系数	标准差	t	P > |t|	95% Conf. Interval	
HHI	– 3.7914	2.3667	– 1.6	0.126316	– 8.7450	1.1621
常数项	2.3735	0.8643	2.75	0.013	0.5645	4.1825

综合面板数据分析（见表 6 – 7）和简单一元线性回归分析（见表 6 – 8）以及二者之间的散点图（见图 6 – 6）可以发现，不论是面板数据模型还是简单时间序列估计结果都显示"运营商个体与总体的生产效率和市场结构之间都呈现了负相关的关系，尽管模型的拟合优度不高"。各个模型可决系数不高的原因在于，影响全要素生产率的因素众多，但分析中仅强调了市场结构因素的影响，从而说明，市场的垄断程度提高可能会导致全要素生产率降低；反之，全要素生产率提高更多的可能来自技术进步和管理水平的提高，市场竞争程度的提高对全要素生产率的正向作用很微弱。通过 HHI 指数可以发现，传统电信市场在经历了多次分拆重组后，已经大大降低了市场的集中度。与改革初期固定电话领域 9795 和移动电话领域 7877[①] 的 HHI 指数相比，该结果既反映了电信领域放松进入导致竞争程度提高的效果，也反映了政府对电信市场管制体制改革的过程。

2008 年电信业的再次重组，进一步改变了市场分布格局。2009 年以来，移动通信加速替代固定电话。中国电信以移动用户的增长弥补了固定电话用户的衰减，从而市场占有率基本维持不变。而中国移动优势在逐步丧失，中国联通与美国苹果手机的合作推动着中国联通移动用户数量大幅增加，从而使联通经历着在固定电话用户减少的趋势下总用户数仍然增加的过程。因此，中国移动市场份额有所下降而中国联通市场份额有所增加。但总体来看，市场上三家运营商不对称的寡头格局仍然没有改变。竞争政策的设计和完善目的就在于改变不对称的寡头市场格局，实现

①　连海霞：《有效竞争与电信业管制体制改革》，载《经济评论》2001 年第 4 期。

运营商均衡发展以及适度竞争与适度规模并存的有效竞争格局。

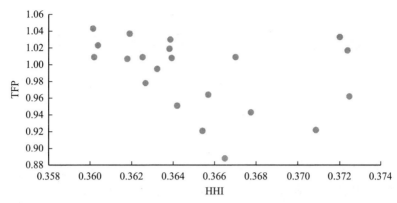

图6-6　HHI指数与TFP的散点图

6.4　本章小结

2009～2013年，由于技术变化，三网融合背景越来越强烈，后期技术效率的提高被规模效率的递减有所抵消，从而使得传统电信行业不论从时间角度还是运营商角度，全要素生产率前期处于频繁的波动之中，并没有呈现始终上升趋势，这一趋势在2012年下半年和2013年才有所改变。

从三大运营商的角度来看，中国电信与中国联通的平均技术效率改变都大于或等于1；从规模效率变化来看，中国联通（1.004）仍处在规模经济时期，而中国移动和中国电信已经达到最有规模状态；从技术进步角度来看，中国移动（0.958）和中国联通（0.997）对新技术的应用明显慢于中国电信（1.004）。从全要素生产率来看，中国移动最低，下降了4.2%，而中国电信（4%）和中国联通（1%）都呈现了上升趋势（见表6-4）。

电信行业市场结构与运营商生产效率之间一定程度上存在着负相关的关系，市场的垄断程度越高，运营商的市场势力越强，全要素生产率越低，这与传统产业组织理论的结构决定行为和绩效是相符的。

第7章　5G背景下通信行业竞争政策设计与实施

　　理论上讲，任何一个有效、可行的政策设计必须是一个纳什均衡，否则这一政策将不满足自我实施的要求。同样，对转轨条件下电信业竞争政策的设计也必须考虑政策的实施问题，即政策的可执行性问题。由于特定的制度原因，满足帕累托最优的政策设计不一定能够在转轨经济系统下得到顺利地执行。世界银行（2001）认为发展中国家的竞争政策设计要同时考虑信息不对称问题以及执行中的困难，这一观点自然也适用于转轨经济国家。从实践来看，中国存在着十分严重的执法不严、执法不一、执法不到位的现象，原因是中国出台的很多法律、法规从其他经济发达国家移植过来，针对中国的网络型产业，这些政策、法规的可执行性差。而中国有着明显不同于发达国家的经济背景，过渡经济的环境使得移植过来的这些政策和法规与中国经济中的很多原有运行规则相冲突。

　　虽然这一问题无论在理论上还是在实际操作中都具有特别重要的意义，但目前学术界对这一问题的研究仍很薄弱。拉丰（2005）开启了对发展中国家竞争政策执行问题的研究，但此后这一问题似乎没有引起更多经济学家的注意。在考察这一问题时，拉丰主要从社会资金影子成本的角度进行研究，得到了一些初步的结论。本书从实际应用的角度，考虑电信业竞争政策的设计和实施，为维护电信业公平有效竞争，设计完善可行的竞争政策。

　　电信业竞争政策和政府对电信业规制与反垄断既有不同又密切联系。二者目标都是提高电信业的竞争水平和经济效益，维护消费者以及社会福利水平。可以说，竞争政策是政府规制与反垄断的依据，规制与反垄断则是竞争政策发挥作用的形式，二者无疑要共存共融，因此，二

者都存在一定的豁免安排。但在实际执行过程中，二者还存在一定的差
异性。

7.1　竞争政策设计的目标

竞争政策的目标可能是多元的，但在政策设计的过程中目标的权衡
比较重要，单纯的一元化，充分发挥竞争政策的极化作用是不可能的，
但是考虑的目标过多又会分散竞争政策的作用，很难保证竞争政策对行
业发展的促进作用。

7.1.1　社会或消费者福利最大化

经济福利是经济学中衡量行业运行绩效的标准概念。对于给定行业
福利水平的高低是通过总剩余来界定，包括消费者剩余与生产者剩余。
其中，消费者在购买商品的过程中愿意支付的价格总额与实际支付价格
总额之间的差额就形成了消费者剩余的基础，消费者福利则是衡量全体
消费者剩余的总体指标。某种商品的单个生产者剩余则是单个生产者在
销售商品或劳务时实际获得的价格总支付与厂商愿意获得的最小总支付
之间的差额，所以，生产者剩余就是某一行业全体生产者获得的全部
利润。

根据福利和剩余的定义，当商品价格上升时消费者剩余会减少，生
产者剩余会增加，但是厂商增加的利润不足以弥补消费者剩余的减少，
意味着此时社会的总福利是下降的。从理论上来讲，当对垄断行业进行
改革，从而导致垄断行业价格下降时，消费者剩余增加生产者利润减
少，可以通过收入再分配，把一部分福利增量从消费者那里转移到厂商
手中，以保证帕累托改进的进行。通过分析可以看出，社会总福利与消
费者福利之间的关系可能同向变动也可能反向变动，取决于价格变动时
消费者和生产者剩余变动的程度差异。

另外，经济福利的概念还应该从其动态的构成要素角度进行解释。
社会未来的福利与当前的福利同等重要，不能为了当前福利的增加而牺
牲未来的福利。例如，某些垄断行业进入需要大量固定成本，但监管部

门却要求其定价必须等于边际成本，因为此时的经济福利最大，但对于厂商来讲，边际成本的定价会使厂商无法收回与前期投资相关的沉没成本。在这种情况下，厂商会逐步压缩投资甚至退出行业，则未来的社会总福利水平因为产品种类、数量的减少而下降。

因此，在进行竞争政策设计时，以消费者或社会总福利为目标既要考察政策对消费者和生产者福利影响的大小，还要动态地考察政策对社会经济福利的影响，在当前福利和未来福利之间做出合理权衡，避免出现帮助了今天的消费者而伤害了未来消费者的局面。

7.1.2 提高产业效率

竞争政策设计的目标还在于维护行业公平公正的竞争秩序，使产业实现规模经济与竞争活力兼容的有效竞争，提高产业效率。生产效率是指投入一定的情况下，实际产出与最大产出两者间的比率，包括技术效率、配置效率，可反映出实现最大产出、预定目标的程度。

自 1988 年 6 月，国务院领导提出通信发展要坚持"统筹规划、条块结合、分层负责、联合建设"的方针，电信业经历了翻天覆地的变化。从 1994 年中国联通公司成立，到 2014 年中国广电网络挂牌，经过多次的分拆重组，电信市场形成了今天四大运营商并存的竞争格局。各大运营企业进一步提高了市场意识、竞争意识和服务意识，不断深化内部改革，大力推进技术创新、机制创新和管理创新，多方采取措施加强管理、降低成本、提高效率、改善服务。同时，面临 5G 新一代移动通信技术和数字经济挑战，它们都在努力推进多元化发展战略，积极创造条件"走出去"。电信业的改革走到今天，有一个问题我们必须明确，就是电信业改革的目标是什么？原来邮电部独家垄断的弊端我们体会深刻，改革到今天我们深刻体会了竞争活力给消费者带来的好处，但是从中又经常出现各电信运营商的恶性价格竞争。因此，电信业中垄断所带来的规模经济与竞争下的高效率明显冲突，如何在既能保证企业一定利润，又能逐步提高消费者福利的情况下解决这一矛盾是我们必须要认真解决的问题。

1. 有效竞争的含义及其评价标准

（1）有效竞争理论。

有效竞争理论起源于马歇尔冲突，即自由竞争与规模经济之间的矛盾。克拉克在《有效竞争的概念》一文中首次使用了有效竞争，并从长期均衡和短期均衡相互关系的角度提出有效竞争问题，并指出所谓有效竞争就是能协调好长期均衡和短期均衡的竞争格局，它能将竞争活力和规模经济结合起来。[①]

索斯尼克（Sosnick，1958）提出，有效竞争是一个揭示市场实际运作状态的概念，如果产业市场的一些特定的、可得到的竞争性特征是为了满足合理的公共利益的要求所必须且充分的，并且这些特征更好地实现代表了更大的公共利益，如果说该产业市场的这些特征得到了最大程度实现，那么可以认为该产业是处于有效竞争状态的。索斯尼克的有效竞争概念高度抽象，根据他的理解，有效竞争是导致经济效率最高的竞争格局。

（2）有效竞争的评价标准。

关于有效竞争的标准，最早是梅森的二分法下的市场结构标准和市场绩效标准，后来的经济学家发展成了现在最具代表性的三分法标准，即市场结构标准、市场行为标准、市场绩效标准。其中市场结构标准包括：集中度不太高、市场进入容易、没有极端的产品差别化。市场行为标准包括：对价格没有共谋、对产品没有共谋、对竞争者没有压制政策。市场绩效标准包括：存在不断改进产品生产过程的压力、随成本大幅下降价格能向下调整、企业与产业处于适宜规模、销售费用在总费用中比重不存在过高现象；不存在长期的过剩的生产能力。尽管这些标准曾遭到以斯蒂格勒为代表的芝加哥学派的批判，特别是市场行为标准不可定量计量，只能用定性的语言加以描述，但哈佛学派的有效竞争三分标准仍然是迄今为止能最全面、最抽象反映有效竞争在市场结构、市场行为、市场绩效三个方面的要求的标准。

2. 有效竞争是中国电信业改革的目标

（1）完全竞争和完全垄断的不可行性。

完全垄断也是不可取的，完全垄断有两大弊端，一是造成低效率，二是造成社会福利损失。

从现实来看，完全竞争和完全垄断对于当前中国电信业的改革也是

---

① Clark. Towards a Concept of Workable Competition [J]. *American Economics Review*, 1940.

不可取的。一方面，从历史进程看，要实现自由竞争需要经过漫长的历史过程，而且要付出高额成本，西方发达国家在过去对此道路的探索已经证明其不可行性，我们没有必要再走一遍，完全可以采取当今西方发达国家现实的发展模式，这样才能与西方国家竞争；另一方面，除特别产业外，世界各国都在努力反垄断，电信产业当然也包括在内。

（2）有效竞争是较理想的目标选择。

电信业自身的特点也决定采取有效竞争。电信业是一个在技术、经济特征方面相当复杂，具有多种业务类型的自然垄断性产业；电信业固定资本沉没性很大，是个高投入低边际成本的行业。庞大的电信网络及投资具有不可分割性和整体供给的特点，因此需要巨额的固定资产投资，但电信业只要网络建好后，除运营成本外，其他业务成本趋于零。因此，适度竞争不但能实现最大的生产效率，还能使消费者享受到物美价廉的电信服务，而电信业全程全网的性质又要求电信行业必须保持适度竞争规模，以减少互联互通的难度，便于向用户提供更好的电信服务。

因此，电信业本身的特点决定了电信市场的结构应该是一种有限度的竞争。只有坚持规模经济和竞争活力的统一，使电信市场维持有效竞争的格局，才能保证行业健康发展，才能在国际竞争中保持较强的竞争力。

电信产业生产效率自 20 世纪 90 年代改革以来已经获得大大提高。学者们实证研究发现，中国电信业历经多次改革，产出水平大大提升，但是由于运营商效率低下以及过于频繁的结构重组导致电信业技术效率提升慢于技术进步，最终使得电信业发展中的无效率，这一局面一直持续到 2007 年。这一问题也给竞争政策执行与行业监管提供了一些启示：监管者应当慎用分拆、重组等结构性监管手段，减少行业动荡，通过吸取新的教训和借鉴新的思路、减少行业行政性垄断、给运营商更大自主经营权来实现运营商绩效和市场效率的提高，增进社会福利。

7.1.3 社会目标

竞争政策在某些情况下会考虑社会因素，兼顾到某些社会目标。美国竞争政策在当时的大萧条时期就以相对宽松的方式执行法律，认为当时的某些价格协议能够帮助厂商们避免破产，从而可以缓解失业可能导致的社会矛盾。现在中国的资本市场一定程度上仍然存在着某些缺陷，那么旨在减少破产案尤其是中小企业破产案发生的竞争政策就会有助于弥补市场本身的缺陷。

竞争政策的这种处理方式在欧盟也存在，例如欧盟在金融危机时期放宽对国家援助的审查，提高并购审查的效率。国家援助是欧盟竞争法的重要组成部分，在经济发展形势良好时，对银行所提出的国家援助申请审查苛刻，严格按照《里斯本条约》援助的适用条件执行；而在金融危机愈演愈烈的情况下，2008年10月，竞争政策执法开始将稳定金融业作为工作重心，市场竞争被置于次要地位。随着救市计划效果越来越明显，经济逐渐走出衰退，竞争政策执法于2009年7月已经调整为首先考虑构建后危机时代的市场结构，而恢复金融稳定、保持市场竞争的竞争政策执法退到次要地位，转向保持欧盟金融业大市场长期、健康、稳定发展的长期目标。

7.1.4　政治目标

竞争政策的设计有时又会考虑到政治目标。例如，二战后盟军作为胜利的一方，对战败方德国和日本的制裁之一是分解德国工业集团和日本财团，目的是防止导致经济集中的权力被用于政治目的的危险。

在现实国家政体中，当少数公民和群体支配较大部分资源时，国家的民主就会受到威胁。因此，从不同的观点出发，要求以低集中度进行资源分配，从公平的角度来看是有其合理性的。

在电信业竞争政策的各种目标中，应该以维护市场竞争秩序、增进社会福利为主，产业效率的提高为辅。社会目标和政治目标尽可能不作为电信业竞争政策制定时考虑的主要因素。但这并不意味着社会福利以及产业效率之外的因素并不重要，针对这些目标尤其中国加入WTO，外资大量涌入的背景下这些目标反而更需慎重考虑。政府要实现这些目标，不应该考虑使用竞争政策，而是应该动用那些对竞争造成尽可能小的扭曲的政策工具。否则，如果通过竞争政策限制外资进入，在减小国内企业压力的同时，也会对国内企业自身的成长带来不利影响，始终处于政府的保护之下是不可能的，也是违背WTO原则的。

7.2　竞争政策设计的原则

7.2.1　电信业竞争政策要适应中国国情，也要给企业更多自主权

经济转型是中国经济的大环境。根据陈世清（2004），经济转型分为两种：一是从计划经济向市场经济转变的制度转型；二是经济由数量型增长转向全面发展的转型，经济增长方式与人的实践模式也随之发生变化，两种转型是个体与整体、微观与宏观的关系，处理好这两种转型的关系，将充实后者，升华前者，真正的转型经济学应该同时包含这两种转型。[①] 转型经济的国情和背景对电信业的改革与发展产生了巨大影响。自 1994 年中国联通公司成立以来，电信业的若干次分拆与重组无不是政府主导下的改革过程。因此，行政的干预对电信业的改革起到了无以替代的作用，也确实促进了中国电信业的大发展，但在这一过程中又不可避免地出现了一些不必要的行政干预。

电信业在国民经济中的地位越来越重要，在很大程度上已经成为整体经济发展的制约因素，因为当前中国经济正在经历着调整经济结构、转变经济增长方式、节约充分利用经济资源。因此，电信业自身的发展会受到过渡经济环境的影响，同时它的发展对于带动相关产业群发展起到引领作用，发挥信息经济的作用，有利于产业结构调整和升级，使之更具活力；有利于全面提升劳动力素质，创造就业机会，通过引领结构调整改变劳动力市场就业结构。电信业已经成为一国经济、社会、政治以及人民生活必不可少的一部分，在当前以及未来的一定时期内会继续支撑人民的社会生产和生活。

综上分析，电信业的改革与发展既受到转型经济特征的影响，同时电信业自身的发展也会加快经济的转型，给国民经济发展施加一个正向的推动力。因此，电信业竞争政策的设计既要考虑如何适应经济的转

---

① 陈世清：《科学范式转换与实践模式转轨——知识运营学与知识市场经济》，载《宁德师专学报》（哲学社会科学版）2004 年第 11 期。

型，又要考虑政策的执行对国民经济其他行业的带动和促进作用，推动传统产业加速转型。

在转型经济背景下，要推动电信业发展，必须在政府主导下，赋予运营商经营自主权。历史国情和早期电信业的性质决定了最初的垄断，随机技术的进步，电信业中具有自然垄断性质的长途和本地电话业务已经逐步被移动通信业务所替代，因此电信业的自然垄断性大大降低，引入新的竞争者，提高电信业运行效率就成为电信业改革与发展的方向。由于，电信业主体是国有资产，因此前期的改革、分拆与重组都是以政府为主导来进行。依照 2020 年开始的国有企业改革三年行动方案，电信业也由中国联通公司为试点进行混改，引入多家非国有公司。在这种情况下，中国联通公司应该按照《中华人民共和国公司法》进行生产经营，经营自主权更充分。

经济体制改革还不到位、市场经济体制还不够完善，仍然存在诸多问题使得某些行政机关、法律法规授权的具有管理公共事务职能的组织部门有了滥用行政权力的机会。在经济垄断改革的同时，由于转轨经济的影响，计划经济与市场经济的冲突导致了经济运行过程中出现大量限制竞争的行为。并且，深入改革既包括经济体制的深入改革，也包括政治体制的深入改革，近年来大力积极推进的政治体制改革可以从根本上消除职能部门滥用职权的现象。两种改革必须同步进行，使政府及相关部门的行政权力得到进一步的监督，把权力关进制度的笼子里。

7.2.2　电信业竞争政策要与电信产业政策协调

产业政策是政府为了促进产业发展而制定的各种政策的总和。而竞争政策是政府为了保护市场竞争而形成的法律法规及政策的总和。竞争政策是通过保护市场竞争，并进一步促进竞争，在各种相关市场上确保竞争机制的作用得到充分发挥，使生产和资源配置效率得到提高，从而提高消费者和社会福利水平。产业政策与竞争政策都建立在市场经济的基础上，二者隶属于一国公共政策的领域，有一致的目标即促进产业全面发展。

二者的明显不同在于产业政策以促进产业发展与规模扩大为主要目标而竞争政策则以产业公平竞争和社会福利的综合水平为目标。尤其在产业成长初期，产业政策多倾向于给生产者一定的优惠，保护生产者以推动产业快速成长的目的。而竞争政策则在产业成长的基础上还要兼顾消费者以及整个社会的福利水平。因此，在政策执行过程中，二者难免出现矛盾和冲突。

所以，在设计竞争政策时要协调好竞争政策与产业政策。不同行业不同形势下产业政策和竞争政策的优先顺序会有差别。以欧盟应对2007 年开始的全球金融危机为例，可以看出如何处理竞争政策和产业政策的关系。

2007 年源于美国并迅速蔓延全球的金融危机给欧盟带了巨大影响。在初期，欧盟各成员国各自为战的金融业产业支持政策并没有取得良好效果，反而因彼此政策不协调而陷入混乱。在当时紧急混乱的形势下，欧盟委员会竞争总署既要维护统一的欧盟市场和公平的竞争秩序还要灵活高效地实施救市措施，而这一切都要在坚持《竞争法》的基本规则下进行，这对竞争总署来说是一个巨大挑战，要实现产业政策与竞争政策的协调是欧盟委员会竞争总署面临的最大难题。最终欧盟统一行动，为各国救市制定了包括增加公共支出、减税和降息等财政与货币政策在内的统一的"工具箱"。根据人民网报道，截至 2009 年 6 月 12 日，欧盟各国批准了高达 3.3 万亿欧元的银行拯救计划，最终使欧洲经济逐步复苏并逐渐走出衰退。[1] 从各自为战到联合行动，欧盟委员会竞争总署在应对此次金融危机中始终坚持竞争政策，既通过各项产业政策来救市，又使各项政策在执行过程中有合理约束，避免了对市场机制过度地扭曲。即使在如此严重的金融危机面前和各国政府压力下，欧盟委员会竞争总署仍然不肯放弃原则，坚持竞争政策优先，体现了欧盟委员会竞争总署把竞争政策置于优先考虑的位置，确保竞争政策的权威性和连续性。

电信业竞争政策设计之后，在执行时如果与产业政策存在矛盾冲突，应使竞争政策处于优先地位。然而，只要产业政策与之发生冲突，就一概舍弃产业政策的做法实际上是并没有充分真正地理解竞争政策优先的含义。竞争政策与产业政策在现实条件下缺一不可，就像车子的两个车轮。特别是处于转轨条件下的中国，应克服市场失灵必须借助于产业政策的推动，才能逐步消除市场本身的缺陷。同时，与发达国家相

---

① 《欧洲各国已经批准 3.3 万亿欧元银行拯救计划》，人民网，2010 年 1 月 24 日。

比，中国还是一个发展中的大国，在各方面仍然存在着很大差距，在推动产业结构的合理化和高级化方面需要政府发挥产业政策的引导作用，推动经济发展。在产业政策与竞争政策发生冲突时，应以社会福利最大化为目标，在坚持竞争政策居于优先地位的前提下，竞争政策应该兼容产业政策，某些经济突发状况或特殊时期，竞争政策应让位于产业政策。正如欧盟委员会竞争总署一样，中国的竞争政策执行机构也要妥善处理竞争政策与产业政策可能出现的冲突，同时在《反垄断法》中明确界定二者关系，既要维护竞争政策，还要考虑产业政策合理诉求，确保两种政策的协调发展。

　　根据经济学理论，相对于竞争来讲，垄断也不是一无是处，在某些方面，垄断也可能产生一些重要的积极后果。例如，相对来讲，垄断企业规模一般比较大，在很多方面都有着大企业可能有的一切优势：雄厚实力进行研发和改善技术；雄厚的实力可以确保企业在入世后对外开放的条件下与进入的国外大企业进行竞争。因此，有时候甚至出现为了实现某些积极目标，垄断是必然选择的条件。由此，出现了《反垄断法》判定原则。在具体执法过程中反垄断并不是反对一切垄断，有些垄断是为达到经济、社会或政治等特殊目的的必然选择，因此，在处理垄断的利弊关系时，既要尽量充分利用垄断所带来的好处，又要通过反垄断执法维护市场的公平正常的竞争秩序。在各国反垄断立法中普遍存在着适用除外与适用豁免制度，它较好地实现了竞争政策与产业政策的协调，起到了一种平衡器的作用。

　　中国电信业竞争政策在执行前期也体现出产业政策先于竞争政策的情况，在今后的政策设计中，应该借鉴日本、韩国等经济结构成功转型的东亚国家的经验，以竞争政策为主产业政策为辅，通过竞争政策提高中国电信业效率，逐步实现适度规模与竞争活力并存的有效竞争格局。

7.2.3　电信业竞争政策要与政府规制和反垄断协调

　　电信业竞争政策是政府对电信业规制与反垄断的依据，规制与反垄断则是竞争政策发挥作用的形式。改革以来，电信业一直是政府改革与反垄断的对象。伴随着电信业分拆与重组的进行，政府监管部门对电信业规制与反垄断的机制也在调整。

首先，自电信行业改革以来，政府始终坚持了不对称监管的策略，然而三家运营商在移动业务领域的力量仍存在较大差距，其中，中国移动力量最强，中国联通和中国电信旗鼓相当。同时实证分析的结果显示，厂商在某些领域有市场势力并不代表厂商有能力和条件运用市场势力，同时也意味着三家厂商在移动通信市场有支配地位但不一定出现滥用支配地位，因此反垄断部门不能以滥用市场支配地位的理由对运营商进行处罚，反垄断执法必须遵守严格的章程和执法指南来进行。由于移动通信资费还有下降的空间，继 2009 年下放固定电话定价权之后，中华人民共和国工业和信息化部又在 2010 年下放了移动本地电话定价权，鼓励运营商通过"单向收费"等手段降低资费，这使得未来三家厂商之间的价格竞争不可避免，从而决定今后厂商的利润空间会继续下降。① 2014 年 5 月，电信业务资费的放开，对传统电信业务运营商和虚拟运营商将会产生不同的影响。技术进步带来数据业务成本的下降，使得数据业务有不小的降价空间，而传统语音业务降价不明显，这将直接影响各类运营商在未来竞争中的地位，垄断的色彩会越来越淡。

其次，中华人民共和国工业和信息化部对电信业管制与反垄断的重点也从早期的进入和价格管制转向今后的互联互通监管。在电信、广电和互联网三网融合以及电信业内部业务融合的背景下，运营商所处的竞争空间更大，竞争也更激烈，各家厂商会继续不断推出新的套餐和业务，最终三家厂商的力量将向均衡方向发展。在市场竞争程度提高的同时，监管部门的任务重点也应随之调整，由一贯以来的放松管制转变为关注互联互通的同时加强对运营商过度竞争的监管，这意味着对电信业未来的发展有必要提出一定范围的再管制。②

再次，电信业最近一次的重组实现了由适度竞争向适度规模的转变，进一步突出了有效竞争目标，既实现行业适度竞争还要确保运营商的适度规模。政府反垄断部门无须继续考虑垄断结构加强所带来的不利影响。在目前的体制和市场情况下，只需按照《反垄断法》的规定，界定和限制移动运营商的垄断行为。在今后，政府反垄断部门在行业结

<hr />

① ②　连海霞：《中国移动通信市场势力评估与反垄断》，载《宏观经济研究》2014 年第 11 期。

构方面应该尽量减少行政干预，为企业发展提供自由宽松的环境。①

最后，以技术为动力，目前的通信行业、互联网和广电行业正在逐步融合，产业融合使市场结构从寡头逐步向垄断竞争转变，因此，也产生了对传统电信业反垄断与规制的挑战。政府监管部门一是要明确反垄断的目标是保护电信行业的竞争，而不是竞争者。同时，由于竞争对手一般竞争力不足，通常最反对竞争，希望借助反垄断执法打压主导运营商而扩大自身的市场地位，这已经在世界各国反垄断执法实践中得到验证。二是反垄断部门要结合行业融合发展现状，重新定义电信业，形成大电信或信息技术产业概念。三是反垄断部门要明确自身的职能，不再是"拉郎配"式的行政干预。电信业这种由上而下的改革确实提高了电信业竞争程度和行业效率，提高了社会福利水平，但转轨条件下电信业中存在的行政性干预也不容忽视，今后应该更多的借助竞争政策实现电信业规范、有序、公平、公正的竞争环境。可以说，今后在对电信业的发展中应该更重视竞争政策的作用，发挥市场在电信业资源配置中的基础性作用，减少政府的行政性干预，② 电信业既要反对经济性垄断还要反对行政性垄断。

7.2.4　电信业竞争政策设计要注意国际协调问题

多数市场经济发达国家都在 20 世纪 50 年代相继制定了反垄断法，从中可以看出反垄断政策对于市场经济正常运行的重要意义。但是各国竞争政策因为历史背景、文化差异、价值取向的不同而表现出很大的差异性，因此，导致彼此间政策目标存在冲突。

中国加入 WTO 后，电信业在逐步引进民间资本的同时也加快了对外开放的步伐，中国的电信运营商在今后不可避免地要与全球电信巨头在世界舞台上展开竞争。国际上不存在统一的反垄断和竞争政策，各国自行制定反垄断与竞争政策，彼此之间可能在某些方面存在严重冲突，这种冲突甚至可能延伸到政治领域。而且，各国或地区在推行本国或地区的反垄断政策时都必须从本国利益出发，但在经济全球化发展的局面下又面临着来自国际经济关系根本的限制，必然会产生国家间的经济利

①②　连海霞：《中国移动通信市场势力评估与反垄断》，载《宏观经济研究》2014 年第 11 期。

益甚至政治领域冲突。因此，必须通过及时有效的国际协调，才能在全球范围内有效地执行竞争政策。当面临电信业国际垄断行为时，竞争政策的执行既要考虑本国社会福利提高、电信业的发展，同时还要尽可能地避免产生国际争端和冲突。

7.3 电信业竞争政策完善与实施

7.3.1 制定并完善相应法律法规

法律法规是竞争政策的主体部分，而中国电信业自身的立法是滞后的。电信业的改革始于 20 世纪 90 年代初，但电信业立法却晚了接近 10 年。2000 年国务院颁布《中华人民共和国电信条例》赋予了政府监管部门对电信行业实施监管的权利。电信条例的颁布与实施规范了经营者责权关系，对行业发展起到了很大的推动作用。随着形势的发展，2014 年 8 月 15 日，基于技术进步以及行业形势的变化，迫于形势压力，由中华人民共和国工业和信息化部等各部门提议经国务院对电信条例进行了修改，同时也意味着对电信业竞争秩序的规范至今没有上升到法律层次。

电信业竞争政策的法律主体还包括规范电信业竞争的其他法律法规。根据吴汉洪等（2008）有关电信业运行的一系列法律包括"1993 年 9 月的《中华人民共和国反不正当竞争法》明确串通投标、滥用市场支配地位、掠夺性定价、行政性垄断以及搭售等 5 项不正当竞争的垄断行为"，1993 年 10 月的《中华人民共和国消费者权益保护法》规范经营者的市场行为以保护消费者权益；1993 年 12 月《关于禁止公用企业限制竞争行为的若干规定》对公用大型企业的市场支配地位进行界定并限制其反竞争行为；1997 年 12 月《中华人民共和国价格法》对影响市场价格的三种行为进行规定，明确禁止价格卡特尔、掠夺性定价、价格歧视；由于生产经营过程中招标与投标的经济行为越来越普遍，并且开始出现串通招投标行为，1999 年 8 月通过的《中华人民共和国招标投标法》明确界定了招标与投标过程中出现的串通行为，并对相应处罚做出了规定。2001 年 5 月，国务院又发布相关规定，对行业监管部门以及地区行政领导对行业或地区发展的阻碍性行为进行界定。2003 年 1 月，外经贸部牵头通过并于 2006 年修改的《外国投资者并购境内企业

162

暂行规定》对外资并购国内企业进行规定，以及2003年7月《制止价格垄断行为暂行规定》对价格垄断行为进行界定并禁止价格垄断。

2007年8月，历经曲折的《中华人民共和国反垄断法》终获通过，并于2008年8月1日起施行。

法律法规是竞争政策执行的依据，电信业立法至关重要。《中华人民共和国电信条例》对于电信业改革，维护行业竞争秩序，规范运营商行为起到了较大的推动作用，但是随着我国电信业的改革不断深入、市场的竞争形势不断变化，《中华人民共和国电信条例》已经不能满足行业的实际需求。例如，日益明显的法律效力不足、具体规定和实际情况也不相符、违规处罚的细则也不够明确、规定概括性强、可操作性差等方面。因此，完善电信业竞争政策法律层面的当务之急是制定《电信法》。出台《电信法》的目的是要通过有效的监督与调控来实现公平竞争，达到资源优化配置的目的，建立起一个有效竞争的电信市场环境，实现社会福利的最大化。

7.3.2 竞争政策实施机构

竞争政策执法存在着一元机构单独执法模式和多元机构共享执法模式。其中，美国是多元机构共享执法模式的典型代表，而世界多数国家执行的是一元机构单独执法模式。竞争政策执行机构到底应该选择单一的还是多元的，应依据各国的历史国情而定。单从反垄断执法来看，欧盟、日本、韩国等是一元单独执法模式的代表，美国、德国则是多元共享执法模式的代表。

针对多元执法模式的不足，美国司法部和联邦贸易委员会为了避免执法机构不同可能产生的摩擦和冲突，曾在1948年达成一个备忘录。即双方一致同意，为了避免管辖权或民事诉讼的冲突，一方必须提前通告另一方才可以启动反托拉斯调查，在这两个机构之间设置"联络官"来疏通双方关系。美国司法部和联邦贸易委员会在具体执法过程中仍然会产生各种大小不同的冲突，这说明这些疏通机制也不是万能的。美国多元执法模式的选择至今有100多年的历史，如果历史重演，也许美国不会再选择多元执法机构模式。同样，中国的竞争政策执行机构分属于三家也是历史国情所决定，但这种安排只能是暂时的，原因是这种执法机制成本较高而效率又低。因此，对于竞争政策的执行机构今后应考虑权力整合，同时提高执行机构的独立性，形成单一、独立的执行机构，以提高效率。

7.3.3　电信业竞争政策实施过程中应注意的问题

2000 年《中华人民共和国电信条例》规定，电信资费标准原则上以成本为基础，兼顾国民经济与社会发展要求、行业发展以及用户承受能力。2014 年 8 月在对电信条例进行修改时，取消了资费中的政府指导价和政府直接定价，电信业资费实现了完全由电信运营商根据市场供求及竞争格局自行确定，运营商调整业务资费无须再报批，政府监管部门依据各项法律法规加强对电信业务经营者资费行为的监管。

据全球移动通信协会（GSMA）监测，中国移动通信用户月均支出（ARPU）5.94 美元，低于全球 11.36 美元的平均水平。根据中国工业和信息化部副部长刘烈宏 2021 年 4 月介绍，自 2015 年至 2021 年，中国固定宽带单位带宽和移动网络单位流量平均资费降幅超过 95%。企业宽带和专线单位带宽平均资费降幅超过 70%，各项降费举措年均惠及用户逾 10 亿人次，累计让利超过 7000 亿元人民币。[1]

在降低资费的同时网络速率翻倍提升。"十三五"以来，中国建成了全球规模最大的信息通信网络。光纤用户占比从 34% 提升至 93%。4G 用户，从 7.6% 到现在的 81%，远高于全球平均水平。固定宽带和 4G 用户的端到端平均下载速率比 2015 年增长了 7 倍多。[2]

在电信业资费完全放开的情况下，对确保互联互通实现的电信业接入价格也不例外，此时完全取决于运营商之间谈判的结果，政府监管部门不再设定接入价格也不强制市话企业提供接入。而且在新修改的电信条例中，原来三大电信运营商之间任何中断"互联互通"的行为，都需要经过中华人民共和国工业和信息化部批准，修改后去掉了"批准"的说法，只是含糊地要求运营商遵守互联互通和监管部门相关规定。这当然

---

① 《信息网络：电波建奇功　通信惠民生》，中国青年网，2021 年 6 月 24 日。
② 《国务院新闻办就"十三五"工业通信业发展成就举行发布会》，闻源，2020 年 10 月 23 日。

是尊重市场化竞争的更大放权，但一下子被松绑的三大电信运营商，能否把握好竞争的尺度、能否处理好相互之间的竞争关系至关重要。

因此在执行竞争政策的过程中要注意以下几点：

1. 确保电信业普遍服务目标的实现

在政策放权的情况下，如何保证电信业的普遍服务目标是竞争政策执行过程中需要处理和解决的问题。普遍服务定义的核心内容是指所有人能够以可以承受的价格得到基本电信服务。[①] 不同的电信运营商在不同地区提供电信服务时存在巨大的成本差异，而在法律范围内，运营商又不能针对高成本地区收取高服务价格，在低成本地区收取低服务价格，法律上将会按照歧视性定价来处理，因此没有运营商会主动在高成本地区提供电信服务。既然电信业价格放开，那么在用户密集程度较低的农村，电信运营成本较高，而农村居民收入水平偏低，二者之间的矛盾使得拥有自主经营权的运营商可能会考虑退出农村市场，因此，如何保证农村的普遍服务就是政府监管部门需要考虑的问题。从产业政策角度出发，网业分离改革将有利于普遍服务的实现，因为网络共享后将缩小运营商之间的成本差距。在对普遍服务目标的保证方面，美国、英国及欧盟都有相关的具体规定。例如美国有专门建立的联邦通讯委员会用来界定普遍服务目标包括哪些具体服务，对履行普遍服务目标的运营商如何提供资金支持。[②] 但是，根据斯克雷塔（Skreta，2004）的研究，普遍服务的目标即使没有政府的外部补贴仍然可以通过运营商之间的正常竞争来实现，因为网络具有正外部性。如果低成本地区的居民和商户通过与高成本地区的居民与商户通话可以提高自身的效用或收益，那么低成本地区的网络运营者会发现，对高成本地区网络运营商的补贴也会变得有利可图，因为低成本地区的用户会往高成本地区拨出更多的电话。但在这一安排中，起关键作用的因素是不同网络之间要确保互联的通畅。

2. 运营商之间是一种竞争与合作的关系

在对电信业价格完全放开的情况下，四大运营商之间存在的是一种

---

① 张昕竹：《用电信普遍服务政策改善经济发展不平衡》，载《通信世界》2001 年 6 月。
② American. Federal Communications Commission［J］. *Report to Congress*，1998.

竞争与合作的关系。在价格放开的初期，随着技术快速进步、新业务不断推出，运营商之间确实在某些业务领域展开了激烈竞争。从理论上来讲，当价格竞争为运营商带来的收益越来越小时，运营商之间不可避免地会走向另一个极端，可能会出现勾结或合谋的局面，产生行业卡特尔也不是不可能的。因此，在竞争政策执行的过程中，在促进电信业良性竞争局面维持的同时，也要注意监管运营商之间可能出现合谋与勾结，共同损害消费者福利，降低社会福利水平。

3. 电信业的可竞争业务领域进一步引入竞争

在产业融合趋势下，监管部门制定的一系列政策和措施，以吸引民间资本进入电信业，新建了大大小小不同的虚拟网络运营商。这些虚拟运营商的正常经营依赖于传统运营商的基础网络。因此，在这一产业链中，竞争政策的实施过程中要处理好传统运营商、虚拟运营商和直接用户之间的关系，公平公正地对待各环节经济利益所有者。同时，伴随着产业融合的进行，竞争政策适应范围应该进一步扩大。例如，针对语音通话的监管问题，除了之前早就存在的 Skype、UUCall、HHCALL.COM 等网络电话，近两年又出现了依赖于互联网的腾讯、微信视频或语音电话，它们都与传统语音通话形成了强烈竞争关系。微信语音和视频通话功能的推出，对手机、固定电话等的语音通话业务形成了强烈替代关系，尤其固定电话下降的趋势更加明显，从 2013 年开始移动语音通话也呈现增长下降的趋势。在竞争政策执行的过程中，对有利于竞争的因素要鼓励、保护，对不利于竞争的因素要尽量排除。

7.4 本章小结

竞争政策设计的目标首先要考虑社会福利或消费者福利最大化，同时兼顾产业效率提高，社会目标和政治目标则最好通过产业政策等其他公共政策来实现。

中国电信业竞争政策的设计既要适应中国国情，同时也要考虑与产业政策的协调，在开放条件下政策的设计还需要注意国际协调问题。

电信业竞争政策的完善首先体现为相关法律法规的完备，形成单

一、独立、权威性的执行机构也是必需的；在竞争政策实施过程中，监管机构要有所为有所不为，注意确保普遍服务目标的实现；同时注意防范自由竞争可能导致的垄断卡特尔；形成大电信的概念，并使竞争政策与之相适应。

第8章 结论与展望

8.1 本书的基本结论

8.1.1 中国通信行业改革卓有成效

根据前文分析,自1994年中国联通公司成立至今,中国电信业共经历了四次大规模的分拆与重组,提高了行业效率,通过价格大幅度下调,提高了消费者以及社会福利水平,其改革进程领先于其他垄断行业。相比30年前,中国电信市场从一个政企不分的独家垄断结构,演变为中国移动、中国电信与中国联通、中国广电并存的市场格局。通过移动通信领域赫芬达尔指数可以看出,1999年HHI指数为0.7878,[①] 到了2009年这一指数下降到0.5649,[②] 再到2013年底,进一步下降到0.36,2019年底仍维持在0.36,说明中国移动通信领域竞争程度在20年间经历了下降过程,只是运营商之间的力量始终不均衡,这是今后需要重点关注的方面。中国电信业在30年间从独家垄断发展到行业适度规模与适度竞争并重的格局,在发达国家至少需要50年的时间。总之,中国通信行业改革的成果是显著的,走在各垄断行业改革的前列。

---

①② 连海霞:《有效竞争与中国电信业管制体制改革》,载《经济评论》2001年第4期。

8.1.2 电信业实现有效竞争的目标还有一定距离

与国外开放环境下的成熟市场经济体相比，中国通信行业总体竞争程度和竞争水平仍然不高，在这一过程中还遗留下一些顽固的既得利益群体。在三网融合的背景下，网业分离一方面将有利于实现运营商竞争力的均衡，另一方面也将有利于以更大的力度引进民间资本进入电信业，进一步提高行业竞争程度。对于行业运营商来讲，既需在研发上多投入，多形成自主知识产权技术，加快现有设备改造和升级，又需要适应形势发展和技术进步的需要，以长远的眼光制定企业战略，朝着未来信息和通信技术行业整合的趋势，提高自身实力。对于通信行业来说，在当今新技术革命背景下，数字经济与传统实体经济深度融合的过程也是通信行业自身数字化改革的过程，是通信行业提档升级的必由之路，要抢占数字经济风口，以数字功能赋能通信行业高质量发展。依据国企改革三年行动方案（2020～2022 年），通信行业各运营商都会按照方案的时间表进度，健全市场化经营机制，提高核心竞争力，剥离非主责主业的业务，剥离企业办社会的职能；从国家监管层面来讲要完善国有资产监管体制，深化混合所有制改革，因此，行业的进入会继续。

169

8.1.3 电信业竞争政策逐步完善将促进有效竞争目标的实现

真正的有效竞争必须是行业的适度竞争与经营者的适度规模并存。行业内既不会出现垄断对竞争的限制导致竞争不足，也不会出现经营者数量过多而形成过度竞争的局面；同时，经营者规模扩大有其好处，实力雄厚可以有充足资金进行研发以及与国际电信巨头在国际上竞争，但也不能扩张到独占市场的地步，否则运营商市场势力的提高会严格限制竞争；反之，运营商的规模也不能过小，一方面实力不足研发投入不足，技术落后，另一方面，规模过小也很难与电信业国际巨头在开放环境下进行竞争。因此，真正的有效竞争要实现的是行业竞争与经营者规模都处于适度状态。今后为了逐步实现电信业有效竞争的目标，竞争政策的逐步完善是必然选择，形成独立单一有效的执行机构则是电信业有效竞争的保障。

8.2 本研究未尽问题

8.2.1 数字经济背景下，通信行业竞争政策的调整与完善问题

在移动互联以及三网融合背景下，电信业与广电、互联网关系越来越密切，产业融合的加速给传统电信业发展带来严峻挑战，相应的竞争政策也应随之调整，新的竞争政策既要适应产业融合的发展过程，还要充分发挥各产业领域对国民经济的带动作用，因此，统一的信息和通信技术产业竞争政策急需解决。

8.2.2 竞争政策如何有利于实现通信行业的有效竞争

自 2014 年再次重组后，通信行业三家运营商的悬殊呈现越来越小趋势，然而，自 2019 年这一趋势又有所加大，尤其中国联通与中国移动之间的差距。2020 年，中国广电的加入形成四巨头并存的格局。通信行业竞争政策的设计如何使不对称的寡头格局进一步调整，使市场上运营商的力量向均衡发展，逐步实现电信业有效竞争，也是今后需要持续关注和进一步研究的问题。

附录1 工业和信息化部关于发布《电信业务分类目录（2015年版）》的通告 (miit. gov. cn)

一、基础电信业务

1. 第一类基础电信业务

（1）固定通信业务。

固定通信是指通信终端设备与网络设备之间主要通过有线或无线方式固定连接起来，向用户提供话音、数据、多媒体通信等服务，进而实现的用户间相互通信，其主要特征是终端的不可移动性或有限移动性。固定通信业务在此特指固定通信网通信业务和国际通信设施服务业务。

根据我国现行的电话网编号标准，全国固定通信网分成若干个长途编号区，每个长途编号区为一个本地通信网（又称本地网）。

固定通信业务包括：固定网本地通信业务、固定网国内长途通信业务、固定网国际长途通信业务、国际通信设施服务业务。

①固定网本地通信业务。

固定网本地通信业务是指通过本地网在同一个长途编号区范围内提供的通信业务。

固定网本地通信业务包括以下主要业务类型：

——端到端的双向话音业务。

——端到端的传真业务和中、低速数据业务（如固定网短消息业务）。

——呼叫前转、三方通话、主叫号码显示等利用交换机的功能和信令消息提供的补充业务。

——经过本地网与智能网共同提供的本地智能网业务。

——基于综合业务数字网（ISDN）的承载业务。

——多媒体通信等业务。

固定网本地通信业务经营者应组建本地通信网设施（包括有线接入

设施、用户驻地网），所提供的本地通信业务类型可以是一部分或全部。提供一次本地通信业务经过的网络，可以是同一个运营者的网络，也可以是不同运营者的网络。

②固定网国内长途通信业务。

固定网国内长途通信业务是指通过长途网在不同长途编号区即不同的本地网之间提供的通信业务。某一本地网用户可以通过加拨国内长途字冠和长途区号，呼叫另一个长途编号区本地网的用户。

固定网国内长途通信业务包括以下主要业务类型：

——跨长途编号区的端到端的双向话音业务。

——跨长途编号区的端到端的传真业务和中、低速数据业务。

——跨长途编号区的呼叫前转、三方通话、主叫号码显示等利用交换机的功能和信令消息提供的各种补充业务。

——经过本地网、长途网与智能网共同提供的跨长途编号区的智能网业务。

——跨长途编号区的基于 ISDN 的承载业务。

——跨长途编号区的消息类业务。

——跨长途编号区多媒体通信等业务。

固定网国内长途通信业务的经营者应组建国内长途通信网设施，所提供的国内长途通信业务类型可以是一部分或全部。提供一次国内长途通信业务经过的本地网和长途网，可以是同一个运营者的网络，也可以由不同运营者的网络共同完成。

③固定网国际长途通信业务。

固定网国际长途通信业务是指国家之间或国家与地区之间，通过国际通信网提供的国际通信业务。某一国内通信网用户可以通过加拨国际长途字冠和国家（地区）码，呼叫另一个国家或地区的通信网用户。

固定网国际长途通信业务包括以下主要业务类型：

——跨国家或地区的端到端的双向话音业务。

——跨国家或地区的端到端的传真业务和中、低速数据业务。

——经过本地网、长途网、国际网与智能网共同提供的跨国家或地区的智能网业务，如国际闭合用户群话音业务等。

——跨国家或地区的消息类业务。

——跨国家或地区的多媒体通信等业务。

——跨国家或地区的基于ISDN的承载业务。

利用国际专线提供的国际闭合用户群话音服务属固定网国际长途通信业务。

固定网国际长途通信业务的经营者应组建国际长途通信业务网络，无国际通信设施服务业务经营权的运营者不得建设国际传输设施，应租用有相应经营权运营者的国际传输设施。所提供的国际长途通信业务类型可以是一部分或全部。提供固定网国际长途通信业务，应经过国家批准设立的国际通信出入口。提供一次国际长途通信业务经过的本地网、国内长途网和国际网络，既可以是同一个运营者的网络，也可以由不同运营者的网络共同完成。

④国际通信设施服务业务。

国际通信设施是指用于实现国际通信业务所需的传输网络和网络元素。国际通信设施服务业务是指建设并出租、出售国际通信设施的业务。

国际通信设施主要包括：国际陆缆、国际海缆、陆地入境站、海缆登陆站、国际地面传输通道、国际卫星地球站、卫星空间段资源、国际传输通道的国内延伸段，以及国际通信网带宽、光通信波长、电缆、光纤、光缆等国际通信传输设施。国际通信设施服务业务经营者应根据国家有关规定建设上述国际通信设施的部分或全部资源，并可以开展相应的出租、出售经营活动。

（2）蜂窝移动通信业务。

蜂窝移动通信是采用蜂窝无线组网方式，在终端和网络设备之间通过无线通道连接起来，进而实现用户在活动中可相互通信。其主要特征是终端的移动性，并具有越区切换和跨本地网自动漫游功能。蜂窝移动通信业务是指经过由基站子系统和移动交换子系统等设备组成蜂窝移动通信网提供的话音、数据、多媒体通信等业务。蜂窝移动通信业务的经营者应组建移动通信网，所提供的移动通信业务类型可以是一部分或全部。提供一次移动通信业务经过的网络，可以是同一个运营者的网络设施，也可以由不同运营者的网络设施共同完成。提供移动网国际通信业务，应经过国家批准设立的国际通信出入口。蜂窝移动通信业务包括：第二代数字蜂窝移动通信业务、第三代数字蜂窝移动通信业务、LTE/第四代数字蜂窝移动通信业务。

①第二代数字蜂窝移动通信业务。

第二代数字蜂窝移动通信业务是指利用第二代移动通信网（包括 GSM、CDMA）提供的话音和数据业务。第二代数字蜂窝移动通信业务包括以下主要业务类型：

——端到端的双向话音业务。

——移动消息业务，利用第二代移动通信网（包括 GSM、CDMA）和消息平台提供的移动台发起、移动台接收的消息业务。

——移动承载业务以及其上的移动数据业务。

——利用交换机的功能和信令消息提供的移动补充业务，如主叫号码显示、呼叫前转业务等。

——经过第二代移动通信网与智能网共同提供的移动智能网业务，如预付费业务等。

——国内漫游和国际漫游业务。

②第三代数字蜂窝移动通信业务。

第三代数字蜂窝移动通信业务是利用第三代移动通信网（包括 TD－SCDMA、WCDMA、CDMA2000）提供的话音、数据、多媒体通信等业务。

③LTE/第四代数字蜂窝移动通信业务。

LTE/第四代数字蜂窝移动通信业务是指利用 LTE/第四代数字蜂窝移动通信网（包括 TD－LTE、LTE FDD）提供的话音、数据、多媒体通信等业务。

④第五代数字蜂窝移动通信业务。[①]

第五代数字蜂窝移动通信业务是指利用第五代数字蜂窝移动通信网提供的话音、数据、多媒体通信等业务。

（3）第一类卫星通信业务。

卫星通信业务是指经通信卫星和地球站组成的卫星通信网提供的话音、数据、多媒体通信等业务。第一类卫星通信业务包括卫星移动通信业务和卫星固定通信业务。

①卫星移动通信业务。

卫星移动通信业务是指地球表面上的移动地球站或移动用户使用手

---

① 工业和信息化部关于修订《电信业务分类目录（2015 年版）》的公告，工业和信息化部，https：//wap.miit.gov.cn/，2019 年 6 月 6 日。

持终端、便携终端、车（船、飞机）载终端，通过由通信卫星、关口地球站、系统控制中心组成的卫星移动通信系统实现用户或移动体在陆地、海上、空中的话音、数据、多媒体通信等业务。

卫星移动通信业务的经营者应组建卫星移动通信网设施，所提供的业务类型可以是一部分或全部。提供跨境卫星移动通信业务（通信的一端在境外）时，应经过国家批准设立的国际通信出入口转接。提供卫星移动通信业务经过的网络，可以是同一个运营者的网络，也可以由不同运营者的网络共同完成。

②卫星固定通信业务。

卫星固定通信业务是指通过由卫星、关口地球站、系统控制中心组成的卫星固定通信系统实现固定体（包括可搬运体）在陆地、海上、空中的话音、数据、多媒体通信等业务。

卫星固定通信业务的经营者应组建卫星固定通信网设施，所提供的业务类型可以是一部分或全部。提供跨境卫星固定通信业务（通信的一端在境外）时，应经过国家批准设立的国际通信出入口转接。提供卫星固定通信业务经过的网络，可以是同一个运营者的网络，也可以由不同运营者的网络共同完成。

卫星国际专线业务属于卫星固定通信业务。卫星国际专线业务是指利用由固定卫星地球站和静止或非静止卫星组成的卫星固定通信系统向用户提供的点对点国际传输通道、通信专线出租业务。卫星国际专线业务有永久连接和半永久连接两种类型。

提供卫星国际专线业务应用的地球站设备分别设在境内和境外，并且可以由最终用户租用或购买。卫星国际专线业务的经营者应组建卫星通信网设施。

（4）第一类数据通信业务。

数据通信业务是通过互联网、帧中继、异步转换模式（ATM）网、X.25分组交换网、数字数据网（DDN）等网络提供的各类数据传送业务。

根据管理需要，数据通信业务分为两类。第一类是数据通信业务，包括互联网数据传送业务、国际数据通信业务。互联网数据传送业务是指利用IP（互联网协议）技术，将用户产生的IP数据包从源网络或主机向目标网络或主机传送的业务。提供互联网数据传送业务经过的网络可以是同一个运营者的网络，也可以利用不同运营者的网络共同完成。根据组建网络的范围，互联网数据传送业务分为互联网国际数据传送业务、互联网国内数据传送业务、互联网本地数据传送业务和国际数据通信业务。

①互联网国际数据传送业务。

互联网国际数据传送业务是指经营者通过组建互联网骨干网、城域网和互联网国际出入口提供的互联网数据传送业务。无国际或国内通信设施服务业务经营权的运营者不得建设国际或国内传输设施，应租用有相应经营权运营者的国际或国内传输设施。

基于互联网的国际会议电视及图像服务业务、国际闭合用户群的数据业务属于互联网国际数据传送业务。

②互联网国内数据传送业务。

互联网国内数据传送业务是指经营者通过组建互联网骨干网和城域网，并可利用有相应经营权运营者的互联网国际出入口提供的互联网数据传送业务。无国内通信设施服务业务经营权的运营者不得建设国内传输设施，应租用有相应经营权运营者的国内传输设施。

③互联网本地数据传送业务。

互联网本地数据传送业务是指经营者通过组建城域网，并可利用有相应经营权运营者的互联网骨干网和国际出入口提供的互联网数据传送业务。无国内通信设施服务业务经营权的运营者不得建设国内传输设施，应租用有相应经营权运营者的国内传输设施。

城域网的覆盖范围参照本地网的范围执行。

④国际数据通信业务。

国际数据通信业务是国家之间或国家与地区之间，通过 IP 承载网、帧中继和 ATM 等网络向用户提供虚拟专线、永久虚电路（PVC）连接，以及利用国际线路或国际专线提供的数据或图像传送业务。

利用国际专线提供的国际会议电视业务和国际闭合用户群的数据业务属于国际数据通信业务。

国际数据通信业务的经营者应组建国际 IP 承载网、帧中继和 ATM 等业务网络，无国际通信设施服务业务经营权的运营者不得建设国际传输设施，应租用有相应经营权运营者的国际传输设施。

（5）IP 电话业务。

IP 电话业务在此特指由固定网或移动网和互联网共同提供的电话

业务，包括国内IP电话业务和国际IP电话业务。

IP电话业务包括以下主要业务类型：

——端到端的双向话音业务。

——端到端的传真业务和中、低速数据业务。

①国内IP电话业务。

国内IP电话业务的业务范围仅限于国内固定网或移动网和互联网共同提供的IP电话业务。

国内IP电话业务的经营者应组建IP电话业务网络，无国内通信设施服务业务经营权的运营者不得建设国内传输设施，应租用有相应经营权运营者的国内传输设施。所提供的IP电话业务类型可以是部分或全部。提供一次IP电话业务经过的网络，可以是同一个运营者的网络，也可以由不同运营者的网络共同完成。

②国际IP电话业务。

国际IP电话业务的业务范围包括一端经过国际固定网或移动网或互联网提供的IP电话业务。

国际IP电话业务的经营者应组建IP电话业务网络，无国际或国内通信设施服务业务经营权的运营者不得建设国际或国内传输设施，应租用有相应经营权运营者的国际或国内传输设施。所提供的IP电话业务类型可以是部分或全部。提供国际IP电话业务，应经过国家批准设立的国际通信出入口。提供一次IP电话业务经过的网络，可以是同一个运营者的网络，也可以由不同运营者的网络共同完成。

2. 第二类基础电信业务

（1）集群通信业务。

集群通信业务是指利用具有信道共用和动态分配等技术特点的集群通信系统组成的集群通信共网，为多个部门、单位等集团用户提供的专用指挥调度等通信业务。

集群通信系统是按照动态信道指配的方式、以单工通话为主实现多用户共享多信道的无线电移动通信系统。该系统一般由终端设备、基站和中心控制站等组成，具有调度、群呼、优先呼、虚拟专用网、漫游等功能。

数字集群通信业务是指利用数字集群通信系统向集团用户提供的指挥调度等通信业务。数字集群通信系统是指在无线接口采用数字调制方式进行通信的集群通信系统。

数字集群通信业务主要包括调度指挥、数据、电话（含集群网内互通的电话或集群网与公用通信网间互通的电话）等业务类型。

数字集群通信业务经营者可以提供调度指挥业务，也可以提供数据业务、集群网内互通的电话业务及少量的集群网与公用通信网间互通的电话业务。

数字集群通信业务经营者应组建数字集群通信业务网络，无国内通信设施服务业务经营权的运营者不得建设国内传输网络设施，应租用具有相应经营权运营者的传输设施组建业务网络。

（2）无线寻呼业务。

无线寻呼业务是指利用大区制无线寻呼系统，在无线寻呼频点上，系统中心（包括寻呼中心和基站）以采用广播方式向终端单向传递信息的业务。无线寻呼业务可采用人工或自动接续方式。在漫游服务范围内，寻呼系统应能够为用户提供不受地域限制的寻呼漫游服务。

根据终端类型和系统发送内容的不同，无线寻呼用户在无线寻呼系统的服务范围内可以收到数字显示信息、汉字显示信息或声音信息。

无线寻呼业务经营者必须自己组建无线寻呼网络，无国内通信设施服务业务经营权的经营者不得建设国内传输网络设施，必须租用具有相应经营权运营商的传输设施组建业务网络。

（3）第二类卫星通信业务。

第二类卫星通信业务包括：卫星转发器出租、出售业务，国内甚小口径终端地球站通信业务。

①卫星转发器出租、出售业务。

卫星转发器出租、出售业务是指根据使用者需要，在我国境内将自有或租用的卫星转发器资源（包括一个或多个完整转发器、部分转发器带宽及容量等）向使用者出租或出售，以供使用者在境内利用其所租赁或购买的卫星转发器资源为自己或其他单位或个人用户提供服务的业务。

卫星转发器出租、出售业务经营者可以利用其自有或租用的卫星转发器资源，在境内开展相应的出租或出售的经营活动。

②国内甚小口径终端地球站通信业务。

国内甚小口径终端地球站（VSAT）通信业务是指利用卫星转发器，

通过 VSAT 通信系统中心站的管理和控制，在国内实现中心站与 VSAT 终端用户（地球站）之间、VSAT 终端用户之间的话音、数据、多媒体通信等传送业务。

由甚小口径天线和卫星发射、接收设备组成的地球站称 VSAT 地球站。由卫星转发器、中心站和 VSAT 地球站组成 VSAT 系统。

国内甚小口径终端地球站通信业务经营者应组建 VSAT 系统，在国内提供中心站与 VSAT 终端用户（地球站）之间、VSAT 终端用户之间的话音、数据、多媒体通信等传送业务。

（4）第二类数据通信业务。

第二类数据通信业务指固定网国内数据传送业务。

固定网国内数据传送业务是指互联网数据传送业务以外的，在固定网中以有线方式提供的国内端到端数据传送业务。主要包括基于 IP 承载网、ATM 网、X. 25 分组交换网、DDN 网、帧中继网络的数据传送业务等。

固定网国内数据传送业务的业务类型包括虚拟 IP 专线数据传送业务、PVC 数据传送业务、交换虚拟电路（SVC）数据传送业务、虚拟专用网（不含 IP – VPN）业务等。

固定网国内数据传送业务经营者应组建上述基于不同技术的数据传送网，无国内通信设施服务业务经营权的运营者不得建设国内传输网络设施，应租用具有相应经营权运营者的传输设施组建业务网络。

（5）网络接入设施服务业务。

网络接入设施服务业务是指以有线或无线方式提供的、与网络业务节点接口（SNI）或用户网络接口（UNI）相连接的接入设施服务业务。网络接入设施服务业务包括无线接入设施服务业务、有线接入设施服务业务、用户驻地网业务。

①无线接入设施服务业务。

无线接入设施服务业务是以无线方式提供的网络接入设施服务业务，在此特指为终端用户提供的无线接入设施服务业务。无线接入设施服务的网络位置为 SNI 到 UNI 之间部分，传输媒质全部或部分采用空中传播的无线方式，用户终端不含移动性或只含有限的移动性，没有越区切换功能。

无线接入设施服务业务的经营者应建设位于 SNI 到 UNI 之间的无线

接入网络设施，可以开展无线接入网络设施的网络元素出租或出售业务。

②有线接入设施服务业务。

有线接入设施服务业务是以有线方式提供的网络接入设施服务业务。有线接入设施服务的网络位置为 SNI 到 UNI 之间部分。业务节点特指业务控制功能实体，如固定网端局交换机、本地软交换设备、网络接入服务器等。

有线接入设施服务业务的经营者应建设位于 SNI 到 UNI 之间的有线接入网络设施，可以开展有线接入网络设施的网络元素出租或出售业务。

③用户驻地网业务。

用户驻地网业务是指以有线或无线方式，利用与公用通信网相连的用户驻地网（CPN）相关网络设施提供的网络接入设施服务业务。

用户驻地网是指 UNI 到用户终端之间的相关网络设施。根据管理需要，用户驻地网在此特指从用户驻地业务集中点到用户终端之间的相关网络设施。用户驻地网可以是一个居民小区，也可以是一栋或相邻的多栋楼宇，但不包括城域范围内的接入网。

用户驻地网业务经营者应建设用户驻地网，并可以开展驻地网内网络元素出租或出售业务。

（6）国内通信设施服务业务。

国内通信设施是指用于实现国内通信业务所需的地面传输网络和网络元素。国内通信设施服务业务是指建设并出租、出售国内通信设施的业务。

国内通信设施主要包括光缆、电缆、光纤、金属线、节点设备、线路设备、微波站、国内卫星地球站等物理资源和带宽（包括通道、电路）、波长等功能资源组成的国内通信传输设施。

国内专线电路租用服务业务属国内通信设施服务业务。

国内通信设施服务业务经营者应根据国家有关规定建设上述国内通信设施的部分或全部物理资源和功能资源，并可以开展相应的出租、出售经营活动。

（7）网络托管业务。

网络托管业务是指受用户委托，代管用户自有或租用的国内网络、

180

网络元素或设备，包括为用户提供设备放置、网络管理、运行和维护服务，以及为用户提供互联互通和其他网络应用的管理和维护服务。

二、增值电信业务

1. 第一类增值电信业务。

（1）互联网数据中心业务。

互联网数据中心（IDC）业务是指利用相应的机房设施，以外包出租的方式为用户的服务器等互联网或其他网络相关设备提供放置、代理维护、系统配置及管理服务，以及提供数据库系统或服务器等设备的出租及其存储空间的出租、通信线路和出口带宽的代理租用和其他应用服务。

互联网数据中心业务经营者应提供机房和相应的配套设施，并提供安全保障措施。

互联网数据中心业务也包括互联网资源协作服务业务。互联网资源协作服务业务是指利用架设在数据中心之上的设备和资源，通过互联网或其他网络以随时获取、按需使用、随时扩展、协作共享等方式，为用户提供的数据存储、互联网应用开发环境、互联网应用部署和运行管理等服务。

（2）内容分发网络业务。

内容分发网络（CDN）业务是指利用分布在不同区域的节点服务器群组成流量分配管理网络平台，为用户提供内容的分散存储和高速缓存，并根据网络动态流量和负载状况，将内容分发到快速、稳定的缓存服务器上，提高用户内容的访问响应速度和服务的可用性服务。

（3）国内互联网虚拟专用网业务。

国内互联网虚拟专用网业务（IP–VPN）是指经营者利用自有或租用的互联网网络资源，采用TCP/IP协议，为国内用户定制互联网闭合用户群网络的服务。互联网虚拟专用网主要采用IP隧道等基于TCP/IP的技术组建，并提供一定的安全性和保密性，专网内可实现加密的透明分组传送。

（4）互联网接入服务业务。

互联网接入服务业务是指利用接入服务器和相应的软硬件资源建立业务节点，并利用公用通信基础设施将业务节点与互联网骨干网相连接，为各类用户提供接入互联网的服务。用户可以利用公用通信网或其他接入手段连接到其业务节点，并通过该节点接入互联网。

2. 第二类增值电信业务。

（1）在线数据处理与交易处理业务。

在线数据处理与交易处理业务是指利用各种与公用通信网或互联网相连的数据与交易/事务处理应用平台，通过公用通信网或互联网为用户提供在线数据处理和交易/事务处理的业务。在线数据处理与交易处理业务包括交易处理业务、电子数据交换业务和网络/电子设备数据处理业务。

（2）国内多方通信服务业务。

国内多方通信服务业务是指通过多方通信平台和公用通信网或互联网实现国内两点或多点之间实时交互式或点播式的话音、图像通信服务。

国内多方通信服务业务包括国内多方电话会议服务业务、国内可视电话会议服务业务和国内互联网会议电视及图像服务业务等。

国内多方电话会议服务业务是指通过多方通信平台和公用通信网把我国境内两点以上的多点电话终端连接起来，实现多点间实时双向话音通信的会议平台服务。

国内可视电话会议服务业务是通过多方通信平台和公用通信网把我国境内两地或多个地点的可视电话会议终端连接起来，以可视方式召开会议，能够实时进行话音、图像和数据的双向通信会议平台服务。

国内互联网会议电视及图像服务业务是为国内用户在互联网上两点或多点之间提供的交互式的多媒体综合应用，如远程诊断、远程教学、协同工作等。

（3）存储转发类业务。

存储转发类业务是指利用存储转发机制为用户提供信息发送的业务。存储转发类业务包括语音信箱、电子邮件、传真存储转发等业务。

语音信箱业务是指利用与公用通信网、公用数据传送网、互联网相连接的语音信箱系统向用户提供存储、提取、调用话音留言及其辅助功能的一种业务。每个语音信箱有一个专用信箱号码，用户可以通过电话或计算机等终端设备进行操作，完成信息投递、接收、存储、删除、转发、通知等功能。

电子邮件业务是指通过互联网采用各种电子邮件传输协议为用户提供一对一或一对多点的电子邮件编辑、发送、传输、存储、转发、接收的电子信箱业务。它通过智能终端、计算机等与公用通信网结合，利用存储转发方式为用户提供多种类型的信息交换。

传真存储转发业务是指在用户的传真机与传真机、传真机与计算机之间设立存储转发系统，用户间的传真经存储转发系统的控制，非实时地传送到对端的业务。

传真存储转发系统主要由传真工作站和传真存储转发信箱组成，两者之间通过分组网、数字专线、互联网连接。传真存储转发业务主要有多址投送、定时投送、传真信箱、指定接收人通信、报文存档及其他辅助功能等。

（4）呼叫中心业务。

呼叫中心业务是指受企事业等相关单位委托，利用与公用通信网或互联网连接的呼叫中心系统和数据库技术，经过信息采集、加工、存储等建立信息库，通过公用通信网向用户提供有关该单位的业务咨询、信息咨询和数据查询等服务。

呼叫中心业务还包括呼叫中心系统和话务员座席的出租服务。

用户可以通过固定电话、传真、移动通信终端和计算机终端等多种方式进入系统，访问系统的数据库，以语音、传真、电子邮件、短消息等方式获取有关该单位的信息咨询服务。

呼叫中心业务包括国内呼叫中心业务和离岸呼叫中心业务。

①国内呼叫中心业务。

国内呼叫中心业务是指通过在境内设立呼叫中心平台，为境内外单位提供的、主要面向国内用户的呼叫中心业务。

②离岸呼叫中心业务。

离岸呼叫中心业务是指通过在境内设立呼叫中心平台，为境外单位提供的、面向境外用户服务的呼叫中心业务。

（5）信息服务业务。

信息服务业务是指通过信息采集、开发、处理和信息平台的建设，通过公用通信网或互联网向用户提供信息服务的业务。信息服务的类型按照信息组织、传递等技术服务方式，主要包括信息发布平台和递送服务、信息搜索查询服务、信息社区平台服务、信息即时交互服务、信息保护和处理服务等。

信息发布平台和递送服务是指建立信息平台，为其他单位或个人用户发布文本、图片、音视频、应用软件等信息提供平台的服务。平台提供者可根据单位或个人用户需要向用户指定的终端、电子邮箱等递送、分发文本、图片、音视频、应用软件等信息。

信息搜索查询服务是指通过公用通信网或互联网，采取信息收集与检索、数据组织与存储、分类索引、整理排序等方式，为用户提供网页信息、文本、图片、音视频等信息检索查询服务。

信息社区平台服务是指在公用通信网或互联网上建立具有社会化特征的网络活动平台，可供注册或群聚用户同步或异步进行在线文本、图片、音视频交流的信息交互平台。

信息即时交互服务指利用公用通信网或互联网，并通过运行在计算机、智能终端等的客户端软件、浏览器等，为用户提供即时发送和接收消息（包括文本、图片、音视频）、文件等信息的服务。信息即时交互服务包括即时通信、交互式语音服务（IVR），以及基于互联网的端到端双向实时话音业务（含视频话音业务）。

信息保护和处理服务指利用公用通信网或互联网，通过建设公共服务平台以及运行在计算机、智能终端等的客户端软件，面向用户提供终端病毒查询、删除，终端信息内容保护、加工处理以及垃圾信息拦截、免打扰等服务。

（6）编码和规程转换业务。

编码和规程转换业务指为用户提供公用通信网与互联网之间或在互联网上的电话号码、互联网域名资源、互联网业务标识（ID）号之间的用户身份转换服务。编码和规程转换业务在此特指互联网域名解析服务业务。

互联网域名解析是实现互联网域名和 IP 地址相互对应关系的过程。

互联网域名解析服务业务是指在互联网上通过架设域名解析服务器和相应软件，实现互联网域名和 IP 地址的对应关系转换的服务。域名解析服务包括权威解析服务和递归解析服务两类。权威解析是指为根域名、顶级域名和其他各级域名提供域名解析的服务。递归解析是指通过查询本地缓存或权威解析服务系统实现域名和 IP 地址对应关系的服务。

互联网域名解析服务在此特指递归解析服务。

附录2 《中华人民共和国电信条例》

《中华人民共和国电信条例》共7章，八十条（2000年9月25日中华人民共和国国务院令第291号公布 根据2014年7月29日《国务院关于修改部分行政法规的决定》，根据2016年2月6日《国务院关于修改部分行政法规的决定》。

第一章 总 则

第一条 为了规范电信市场秩序，维护电信用户和电信业务经营者的合法权益，保障电信网络和信息的安全，促进电信业的健康发展，制定本条例。

第二条 在中华人民共和国境内从事电信活动或者与电信有关的活动，必须遵守本条例。

本条例所称电信，是指利用有线、无线的电磁系统或者光电系统，传送、发射或者接收语音、文字、数据、图像以及其他任何形式信息的活动。

第三条 国务院信息产业主管部门依照本条例的规定对全国电信业实施监督管理。

省、自治区、直辖市电信管理机构在国务院信息产业主管部门的领导下，依照本条例的规定对本行政区域内的电信业实施监督管理。

第四条 电信监督管理遵循政企分开、破除垄断、鼓励竞争、促进发展和公开、公平、公正的原则。

电信业务经营者应当依法经营，遵守商业道德，接受依法实施的监督检查。

第五条 电信业务经营者应当为电信用户提供迅速、准确、安全、方便和价格合理的电信服务。

第六条 电信网络和信息的安全受法律保护。任何组织或者个人不得利用电信网络从事危害国家安全、社会公共利益或者他人合法权益的活动。

第二章 电信市场

第一节 电信业务许可

第七条 国家对电信业务经营按照电信业务分类，实行许可制度。

经营电信业务，必须依照本条例的规定取得国务院信息产业主管部门或者省、自治区、直辖市电信管理机构颁发的电信业务经营许可证。

未取得电信业务经营许可证，任何组织或者个人不得从事电信业务经营活动。

第八条 电信业务分为基础电信业务和增值电信业务。

基础电信业务，是指提供公共网络基础设施、公共数据传送和基本话音通信服务的业务。增值电信业务，是指利用公共网络基础设施提供的电信与信息服务的业务。

电信业务分类的具体划分在本条例所附的《电信业务分类目录》中列出。国务院信息产业主管部门根据实际情况，可以对目录所列电信业务分类项目作局部调整，重新公布。

第九条 经营基础电信业务，须经国务院信息产业主管部门审查批准，取得《基础电信业务经营许可证》。

经营增值电信业务，业务覆盖范围在两个以上省、自治区、直辖市的，须经国务院信息产业主管部门审查批准，取得《跨地区增值电信业务经营许可证》；业务覆盖范围在一个省、自治区、直辖市行政区域内的，须经省、自治区、直辖市电信管理机构审查批准，取得《增值电信业务经营许可证》。

运用新技术试办《电信业务分类目录》未列出的新型电信业务的，应当向省、自治区、直辖市电信管理机构备案。

第十条 经营基础电信业务，应当具备下列条件：

（一）经营者为依法设立的专门从事基础电信业务的公司，且公司中国有股权或者股份不少于51%；

（二）有可行性研究报告和组网技术方案；

（三）有与从事经营活动相适应的资金和专业人员；

（四）有从事经营活动的场地及相应的资源；

（五）有为用户提供长期服务的信誉或者能力；

（六）国家规定的其他条件。

第十一条 申请经营基础电信业务，应当向国务院信息产业主管部门提出申请，并提交本条例第十条规定的相关文件。国务院信息产业主管部门应当自受理申请之日起180日内审查完毕，作出批准或者不予批准的决定。予以批准的，颁发《基础电信业务经营许可证》；不予批准的，应当书面通知申请人并说明理由。

第十二条 国务院信息产业主管部门审查经营基础电信业务的申请时，应当考虑国家安全、电信网络安全、电信资源可持续利用、环境保护和电信市场的竞争状况等因素。

颁发《基础电信业务经营许可证》，应当按照国家有关规定采用招标方式。

第十三条 经营增值电信业务，应当具备下列条件：

（一）经营者为依法设立的公司；

（二）有与开展经营活动相适应的资金和专业人员；

（三）有为用户提供长期服务的信誉或者能力；

（四）国家规定的其他条件。

第十四条 申请经营增值电信业务，应当根据本条例第九条第二款的规定，向国务院信息产业主管部门或者省、自治区、直辖市电信管理机构提出申请，并提交本条例第十三条规定的相关文件。申请经营的增值电信业务，按照国家有关规定须经有关主管部门审批的，还应当提交有关主管部门审核同意的文件。国务院信息产业主管部门或者省、自治区、直辖市电信管理机构应当自收到申请之日起60日内审查完毕，作出批准或者不予批准的决定。予以批准的，颁发《跨地区增值电信业务经营许可证》或者《增值电信业务经营许可证》；不予批准的，应当书面通知申请人并说明理由。

第十五条 电信业务经营者在经营过程中，变更经营主体、业务范围或者停止经营的，应当提前90日向原颁发许可证的机关提出申请，并办理相应手续；停止经营的，还应当按照国家有关规定做好善后工作。

第十六条 专用电信网运营单位在所在地区经营电信业务的，应当依照本条例规定的条件和程序提出申请，经批准，取得电信业务经营许可证。

第二节　电信网间互联

第十七条　电信网之间应当按照技术可行、经济合理、公平公正、相互配合的原则，实现互联互通。

主导的电信业务经营者不得拒绝其他电信业务经营者和专用网运营单位提出的互联互通要求。

前款所称主导的电信业务经营者，是指控制必要的基础电信设施并且在电信业务市场中占有较大份额，能够对其他电信业务经营者进入电信业务市场构成实质性影响的经营者。

主导的电信业务经营者由国务院信息产业主管部门确定。

第十八条　主导的电信业务经营者应当按照非歧视和透明化的原则，制定包括网间互联的程序、时限、非捆绑网络元素目录等内容的互联规程。互联规程应当报国务院信息产业主管部门审查同意。该互联规程对主导的电信业务经营者的互联互通活动具有约束力。

第十九条　公用电信网之间、公用电信网与专用电信网之间的网间互联，由网间互联双方按照国务院信息产业主管部门的网间互联管理规定进行互联协商，并订立网间互联协议。

第二十条　网间互联双方经协商未能达成网间互联协议的，自一方提出互联要求之日起 60 日内，任何一方均可以按照网间互联覆盖范围向国务院信息产业主管部门或者省、自治区、直辖市电信管理机构申请协调；收到申请的机关应当依照本条例第十七条第一款规定的原则进行协调，促使网间互联双方达成协议；自网间互联一方或者双方申请协调之日起 45 日内经协调仍不能达成协议的，由协调机关随机邀请电信技术专家和其他有关方面专家进行公开论证并提出网间互联方案。协调机关应当根据专家论证结论和提出的网间互联方案作出决定，强制实现互联互通。

第二十一条　网间互联双方必须在协议约定或者决定规定的时限内实现互联互通。遵守网间互联协议和国务院信息产业主管部门的相关规定，保障网间通信畅通，任何一方不得擅自中断互联互通。网间互联遇有通信技术障碍的，双方应当立即采取有效措施予以消除。网间互联双方在互联互通中发生争议的，依照本条例第二十条规定的程序和办法处理。

网间互联的通信质量应当符合国家有关标准。主导的电信业务经营者向其他电信业务经营者提供网间互联，服务质量不得低于本网内的同类业务及向其子公司或者分支机构提供的同类业务质量。

第二十二条 网间互联的费用结算与分摊应当执行国家有关规定，不得在规定标准之外加收费用。

网间互联的技术标准、费用结算办法和具体管理规定，由国务院信息产业主管部门制定。

第三节 电信资费

第二十三条 电信资费实行市场调节价。电信业务经营者应当统筹考虑生产经营成本、电信市场供求状况等因素，合理确定电信业务资费标准。

第二十四条 国家依法加强对电信业务经营者资费行为的监管，建立健全监管规则，维护消费者合法权益。

第二十五条 电信业务经营者应当根据国务院信息产业主管部门和省、自治区、直辖市电信管理机构的要求，提供准确、完备的业务成本数据及其他有关资料。

第四节 电信资源

第二十六条 国家对电信资源统一规划、集中管理、合理分配，实行有偿使用制度。

前款所称电信资源，是指无线电频率、卫星轨道位置、电信网码号等用于实现电信功能且有限的资源。

第二十七条 电信业务经营者占有、使用电信资源，应当缴纳电信资源费。具体收费办法由国务院信息产业主管部门会同国务院财政部门、价格主管部门制定，报国务院批准后公布施行。

第二十八条 电信资源的分配，应当考虑电信资源规划、用途和预期服务能力。

分配电信资源，可以采取指配的方式，也可以采用拍卖的方式。

取得电信资源使用权的，应当在规定的时限内启用所分配的资源，并达到规定的最低使用规模。未经国务院信息产业主管部门或者省、自治区、直辖市电信管理机构批准，不得擅自使用、转让、出租电信资源或者改变电信资源的用途。

第二十九条 电信资源使用者依法取得电信网码号资源后，主导的电信业务经营者和其他有关单位有义务采取必要的技术措施，配合电信资源使用者实现其电信网码号资源的功能。

法律、行政法规对电信资源管理另有特别规定的，从其规定。

第三章 电 信 服 务

第三十条 电信业务经营者应当按照国家规定的电信服务标准向电信用户提供服务。电信业务经营者提供服务的种类、范围、资费标准和时限，应当向社会公布，并报省、自治区、直辖市电信管理机构备案。

电信用户有权自主选择使用依法开办的各类电信业务。

第三十一条 电信用户申请安装、移装电信终端设备的，电信业务经营者应当在其公布的时限内保证装机开通；由于电信业务经营者的原因逾期未能装机开通的，应当每日按照收取的安装费、移装费或者其他费用数额1%的比例，向电信用户支付违约金。

第三十二条 电信用户申告电信服务障碍的，电信业务经营者应当自接到申告之日起，城镇48小时、农村72小时内修复或者调通；不能按期修复或者调通的，应当及时通知电信用户，并免收障碍期间的月租费用。但是，属于电信终端设备的原因造成电信服务障碍的除外。

第三十三条 电信业务经营者应当为电信用户交费和查询提供方便。电信用户要求提供国内长途通信、国际通信、移动通信和信息服务等收费清单的，电信业务经营者应当免费提供。

电信用户出现异常的巨额电信费用时，电信业务经营者一经发现，应当尽可能迅速告知电信用户，并采取相应的措施。

前款所称巨额电信费用，是指突然出现超过电信用户此前3个月平均电信费用5倍以上的费用。

第三十四条 电信用户应当按照约定的时间和方式及时、足额地向电信业务经营者交纳电信费用；电信用户逾期不交纳电信费用的，电信业务经营者有权要求补交电信费用，并可以按照所欠费用每日加收3‰的违约金。

对超过收费约定期限30日仍不交纳电信费用的电信用户，电信业务经营者可以暂停向其提供电信服务。电信用户在电信业务经营者暂停服务 60 日内仍未补交电信费用和违约金的，电信业务经营者可以终止提供服务，并可以依法追缴欠费和违约金。

经营移动电信业务的经营者可以与电信用户约定交纳电信费用的期限、方式，不受前款规定期限的限制。

电信业务经营者应当在迟延交纳电信费用的电信用户补足电信费用、违约金后的 48 小时内，恢复暂停的电信服务。

第三十五条 电信业务经营者因工程施工、网络建设等原因，影响或者可能影响正常电信服务的，必须按照规定的时限及时告知用户，并向省、自治区、直辖市电信管理机构报告。

因前款原因中断电信服务的，电信业务经营者应当相应减免用户在电信服务中断期间的相关费用。

出现本条第一款规定的情形，电信业务经营者未及时告知用户的，应当赔偿由此给用户造成的损失。

第三十六条 经营本地电话业务和移动电话业务的电信业务经营者，应当免费向用户提供火警、匪警、医疗急救、交通事故报警等公益性电信服务并保障通信线路畅通。

第三十七条 电信业务经营者应当及时为需要通过中继线接入其电信网的集团用户，提供平等、合理的接入服务。

未经批准，电信业务经营者不得擅自中断接入服务。

第三十八条 电信业务经营者应当建立健全内部服务质量管理制度，并可以制定并公布施行高于国家规定的电信服务标准的企业标准。

电信业务经营者应当采取各种形式广泛听取电信用户意见，接受社会监督，不断提高电信服务质量。

第三十九条 电信业务经营者提供的电信服务达不到国家规定的电信服务标准或者其公布的企业标准的，或者电信用户对交纳电信费用持有异议的，电信用户有权要求电信业务经营者予以解决；电信业务经营者拒不解决或者电信用户对解决结果不满意的，电信用户有权向国务院信息产业主管部门或者省、自治区、直辖市电信管理机构或者其他有关部门申诉。收到申诉的机关必须对申诉及时处理，并自收到申诉之日起 30 日内向申诉者作出答复。

电信用户对交纳本地电话费用有异议的，电信业务经营者还应当应电信用户的要求免费提供本地电话收费依据，并有义务采取必要措施协助电信用户查找原因。

第四十条 电信业务经营者在电信服务中，不得有下列行为：

（一）以任何方式限定电信用户使用其指定的业务；

（二）限定电信用户购买其指定的电信终端设备或者拒绝电信用户使用自备的已经取得入网许可的电信终端设备；

（三）无正当理由拒绝、拖延或者中止对电信用户的电信服务；

（四）对电信用户不履行公开作出的承诺或者作容易引起误解的虚假宣传；

（五）以不正当手段刁难电信用户或者对投诉的电信用户打击报复。

第四十一条 电信业务经营者在电信业务经营活动中，不得有下列行为：

（一）以任何方式限制电信用户选择其他电信业务经营者依法开办的电信服务；

（二）对其经营的不同业务进行不合理的交叉补贴；

（三）以排挤竞争对手为目的，低于成本提供电信业务或者服务，进行不正当竞争。

第四十二条 国务院信息产业主管部门或者省、自治区、直辖市电信管理机构应当依据职权对电信业务经营者的电信服务质量和经营活动进行监督检查，并向社会公布监督抽查结果。

第四十三条 电信业务经营者必须按照国家有关规定履行相应的电信普遍服务义务。

国务院信息产业主管部门可以采取指定的或者招标的方式确定电信业务经营者具体承担电信普遍服务的义务。

电信普遍服务成本补偿管理办法，由国务院信息产业主管部门会同国务院财政部门、价格主管部门制定，报国务院批准后公布施行。

第四章 电 信 建 设

第一节 电信设施建设

第四十四条 公用电信网、专用电信网、广播电视传输网的建设应当接受国务院信息产业主管部门的统筹规划和行业管理。

属于全国性信息网络工程或者国家规定限额以上建设项目的公用电信网、专用电信网、广播电视传输网建设,在按照国家基本建设项目审批程序报批前,应当征得国务院信息产业主管部门同意。

基础电信建设项目应当纳入地方各级人民政府城市建设总体规划和村镇、集镇建设总体规划。

第四十五条 城市建设和村镇、集镇建设应当配套设置电信设施。建筑物内的电信管线和配线设施以及建设项目用地范围内的电信管道,应当纳入建设项目的设计文件,并随建设项目同时施工与验收。所需经费应当纳入建设项目概算。

有关单位或者部门规划、建设道路、桥梁、隧道或者地下铁道等,应当事先通知省、自治区、直辖市电信管理机构和电信业务经营者,协商预留电信管线等事宜。

第四十六条 基础电信业务经营者可以在民用建筑物上附挂电信线路或者设置小型天线、移动通信基站等公用电信设施,但是应当事先通知建筑物产权人或者使用人,并按照省、自治区、直辖市人民政府规定的标准向该建筑物的产权人或者其他权利人支付使用费。

第四十七条 建设地下、水底等隐蔽电信设施和高空电信设施,应当按照国家有关规定设置标志。

基础电信业务经营者建设海底电信缆线,应当征得国务院信息产业主管部门同意,并征求有关部门意见后,依法办理有关手续。海底电信缆线由国务院有关部门在海图上标出。

第四十八条 任何单位或者个人不得擅自改动或者迁移他人的电信线路及其他电信设施;遇有特殊情况必须改动或者迁移的,应当征得该电信设施产权人同意,由提出改动或者迁移要求的单位或者个人承担改动或者迁移所需费用,并赔偿由此造成的经济损失。

第四十九条 从事施工、生产、种植树木等活动,不得危及电信线路或者其他电信设施的安全或者妨碍线路畅通;可能危及电信安全时,应当事先通知有关电信业务经营者,并由从事该活动的单位或者个人负责采取必要的安全防护措施。

违反前款规定,损害电信线路或者其他电信设施或者妨碍线路畅通的,应当恢复原状或者予以修复,并赔偿由此造成的经济损失。

第五十条 从事电信线路建设,应当与已建的电信线路保持必要的

193

安全距离；难以避开或者必须穿越，或者需要使用已建电信管道的，应当与已建电信线路的产权人协商，并签订协议；经协商不能达成协议的，根据不同情况，由国务院信息产业主管部门或者省、自治区、直辖市电信管理机构协调解决。

第五十一条　任何组织或者个人不得阻止或者妨碍基础电信业务经营者依法从事电信设施建设和向电信用户提供公共电信服务；但是，国家规定禁止或者限制进入的区域除外。

第五十二条　执行特殊通信、应急通信和抢修、抢险任务的电信车辆，经公安交通管理机关批准，在保障交通安全畅通的前提下可以不受各种禁止机动车通行标志的限制。

第二节　电信设备进网

第五十三条　国家对电信终端设备、无线电通信设备和涉及网间互联的设备实行进网许可制度。

接入公用电信网的电信终端设备、无线电通信设备和涉及网间互联的设备，必须符合国家规定的标准并取得进网许可证。

实行进网许可制度的电信设备目录，由国务院信息产业主管部门会同国务院产品质量监督部门制定并公布施行。

第五十四条　办理电信设备进网许可证的，应当向国务院信息产业主管部门提出申请，并附送经国务院产品质量监督部门认可的电信设备检测机构出具的检测报告或者认证机构出具的产品质量认证证书。

国务院信息产业主管部门应当自收到电信设备进网许可申请之日起60 日内，对申请及电信设备检测报告或者产品质量认证证书审查完毕。经审查合格的，颁发进网许可证；经审查不合格的，应当书面答复并说明理由。

第五十五条　电信设备生产企业必须保证获得进网许可的电信设备的质量稳定、可靠，不得降低产品质量和性能。

电信设备生产企业应当在其生产的获得进网许可的电信设备上粘贴进网许可标志。

国务院产品质量监督部门应当会同国务院信息产业主管部门对获得进网许可证的电信设备进行质量跟踪和监督抽查，公布抽查结果。

第五章 电信安全

第五十六条 任何组织或者个人不得利用电信网络制作、复制、发布、传播含有下列内容的信息：

（一）反对宪法所确定的基本原则的；

（二）危害国家安全，泄露国家秘密，颠覆国家政权，破坏国家统一的；

（三）损害国家荣誉和利益的；

（四）煽动民族仇恨、民族歧视，破坏民族团结的；

（五）破坏国家宗教政策，宣扬邪教和封建迷信的；

（六）散布谣言，扰乱社会秩序，破坏社会稳定的；

（七）散布淫秽、色情、赌博、暴力、凶杀、恐怖或者教唆犯罪的；

（八）侮辱或者诽谤他人，侵害他人合法权益的；

（九）含有法律、行政法规禁止的其他内容的。

第五十七条 任何组织或者个人不得有下列危害电信网络安全和信息安全的行为：

（一）对电信网的功能或者存储、处理、传输的数据和应用程序进行删除或者修改；

（二）利用电信网从事窃取或者破坏他人信息、损害他人合法权益的活动；

（三）故意制作、复制、传播计算机病毒或者以其他方式攻击他人电信网络等电信设施；

（四）危害电信网络安全和信息安全的其他行为。

第五十八条 任何组织或者个人不得有下列扰乱电信市场秩序的行为：

（一）采取租用电信国际专线、私设转接设备或者其他方法，擅自经营国际或者香港特别行政区、澳门特别行政区和台湾地区电信业务；

（二）盗接他人电信线路，复制他人电信码号，使用明知是盗接、复制的电信设施或者码号；

（三）伪造、变造电话卡及其他各种电信服务有价凭证；

（四）以虚假、冒用的身份证件办理入网手续并使用移动电话。

195

第五十九条 电信业务经营者应当按照国家有关电信安全的规定，建立健全内部安全保障制度，实行安全保障责任制。

第六十条 电信业务经营者在电信网络的设计、建设和运行中，应当做到与国家安全和电信网络安全的需求同步规划、同步建设、同步运行。

第六十一条 在公共信息服务中，电信业务经营者发现电信网络中传输的信息明显属于本条例第五十六条所列内容的，应当立即停止传输，保存有关记录，并向国家有关机关报告。

第六十二条 使用电信网络传输信息的内容及其后果由电信用户负责。

电信用户使用电信网络传输的信息属于国家秘密信息的，必须依照保守国家秘密法的规定采取保密措施。

第六十三条 在发生重大自然灾害等紧急情况下，经国务院批准，国务院信息产业主管部门可以调用各种电信设施，确保重要通信畅通。

第六十四条 在中华人民共和国境内从事国际通信业务，必须通过国务院信息产业主管部门批准设立的国际通信出入口局进行。

我国内地与香港特别行政区、澳门特别行政区和台湾地区之间的通信，参照前款规定办理。

第六十五条 电信用户依法使用电信的自由和通信秘密受法律保护。除因国家安全或者追查刑事犯罪的需要，由公安机关、国家安全机关或者人民检察院依照法律规定的程序对电信内容进行检查外，任何组织或者个人不得以任何理由对电信内容进行检查。

电信业务经营者及其工作人员不得擅自向他人提供电信用户使用电信网络所传输信息的内容。

第六章 罚 则

第六十六条 违反本条例第五十六条、第五十七条的规定，构成犯罪的，依法追究刑事责任；尚不构成犯罪的，由公安机关、国家安全机关依照有关法律、行政法规的规定予以处罚。

第六十七条 有本条例第五十八条第（二）、（三）、（四）项所列行为之一，扰乱电信市场秩序，构成犯罪的，依法追究刑事责任；尚不构成犯罪的，由国务院信息产业主管部门或者省、自治区、直辖市电信管理机构依据职权责令改正，没收违法所得，处违法所得 3 倍以上 5 倍以下罚款；没有违法所得或者违法所得不足 1 万元的，处 1 万元以上 10 万元以下罚款。

第六十八条 违反本条例的规定，伪造、冒用、转让电信业务经营许可证、电信设备进网许可证或者编造在电信设备上标注的进网许可证编号的，由国务院信息产业主管部门或者省、自治区、直辖市电信管理机构依据职权没收违法所得，处违法所得 3 倍以上 5 倍以下罚款；没有违法所得或者违法所得不足 1 万元的，处 1 万元以上 10 万元以下罚款。

第六十九条 违反本条例规定，有下列行为之一的，由国务院信息产业主管部门或者省、自治区、直辖市电信管理机构依据职权责令改正，没收违法所得，处违法所得 3 倍以上 5 倍以下罚款；没有违法所得或者违法所得不足 5 万元的，处 10 万元以上 100 万元以下罚款；情节严重的，责令停业整顿：

（一）违反本条例第七条第三款的规定或者有本条例第五十八条第（一）项所列行为，擅自经营电信业务的，或者超范围经营电信业务的；

（二）未通过国务院信息产业主管部门批准，设立国际通信出入口进行国际通信的；

（三）擅自使用、转让、出租电信资源或者改变电信资源用途的；

（四）擅自中断网间互联互通或者接入服务的；

（五）拒不履行普遍服务义务的。

第七十条 违反本条例的规定，有下列行为之一的，由国务院信息产业主管部门或者省、自治区、直辖市电信管理机构依据职权责令改正，没收违法所得，处违法所得 1 倍以上 3 倍以下罚款；没有违法所得或者违法所得不足 1 万元的，处 1 万元以上 10 万元以下罚款；情节严重的，责令停业整顿：

（一）在电信网间互联中违反规定加收费用的；

（二）遇有网间通信技术障碍，不采取有效措施予以消除的；

（三）擅自向他人提供电信用户使用电信网络所传输信息的内容的；

（四）拒不按照规定缴纳电信资源使用费的。

第七十一条 违反本条例第四十一条的规定，在电信业务经营活动中进行不正当竞争的，由国务院信息产业主管部门或者省、自治区、直辖市电信管理机构依据职权责令改正，处 10 万元以上 100 万元以下罚款；情节严重的，责令停业整顿。

第七十二条　违反本条例的规定，有下列行为之一的，由国务院信息产业主管部门或者省、自治区、直辖市电信管理机构依据职权责令改正，处 5 万元以上 50 万元以下罚款；情节严重的，责令停业整顿：

（一）拒绝其他电信业务经营者提出的互联互通要求的；

（二）拒不执行国务院信息产业主管部门或者省、自治区、直辖市电信管理机构依法作出的互联互通决定的；

（三）向其他电信业务经营者提供网间互联的服务质量低于本网及其子公司或者分支机构的。

第七十三条　违反本条例第三十三条第一款、第三十九条第二款的规定，电信业务经营者拒绝免费为电信用户提供国内长途通信、国际通信、移动通信和信息服务等收费清单，或者电信用户对交纳本地电话费用有异议并提出要求时，拒绝为电信用户免费提供本地电话收费依据的，由省、自治区、直辖市电信管理机构责令改正，并向电信用户赔礼道歉；拒不改正并赔礼道歉的，处以警告，并处 5000 元以上 5 万元以下的罚款。

第七十四条　违反本条例第四十条的规定，由省、自治区、直辖市电信管理机构责令改正，并向电信用户赔礼道歉，赔偿电信用户损失；拒不改正并赔礼道歉、赔偿损失的，处以警告，并处 1 万元以上 10 万元以下的罚款；情节严重的，责令停业整顿。

第七十五条　违反本条例的规定，有下列行为之一的，由省、自治区、直辖市电信管理机构责令改正，处 1 万元以上 10 万元以下的罚款：

（一）销售未取得进网许可的电信终端设备的；

（二）非法阻止或者妨碍电信业务经营者向电信用户提供公共电信服务的；

（三）擅自改动或者迁移他人的电信线路及其他电信设施的。

第七十六条　违反本条例的规定，获得电信设备进网许可证后降低产品质量和性能的，由产品质量监督部门依照有关法律、行政法规的规定予以处罚。

第七十七条　有本条例第五十六条、第五十七条和第五十八条所列禁止行为之一，情节严重的，由原发证机关吊销电信业务经营许可证。

国务院信息产业主管部门或者省、自治区、直辖市电信管理机构吊销电信业务经营许可证后，应当通知企业登记机关。

第七十八条 国务院信息产业主管部门或者省、自治区、直辖市电信管理机构工作人员玩忽职守、滥用职权、徇私舞弊，构成犯罪的，依法追究刑事责任；尚不构成犯罪的，依法给予行政处分。

第七章 附　　则

第七十九条 外国的组织或者个人在中华人民共和国境内投资与经营电信业务和香港特别行政区、澳门特别行政区与台湾地区的组织或者个人在内地投资与经营电信业务的具体办法，由国务院另行制定。

第八十条 本条例自公布之日起施行。

参 考 文 献

［1］安玉兴、田华：《电信网络竞争与接入理论综述》，载《辽宁大学学报》（哲学社会科学版）2007年第6期。

［2］常修泽：《关于要素市场化配置改革再探讨》，载《改革与战略》2020年第9期。

［3］陈洁、吕延杰：《从全要素生产率变动看我国电信改革成效》，载《北京邮电大学学报》（社会科学版）2006年第4期。

［4］陈世清：《科学范式转换与实践模式转轨——知识运营学与知识市场经济》，载《宁德师专学报》（哲学社会科学版）2004年第11期。

［5］陈韬：《电信规制的法律问题研究》，中国政法大学硕士学位论文，2004年。

［6］陈甬军、胡德宝：《中国电信产业垄断分析——基于剩余需求弹性的分析》，载《广西社会科学》2008年第8期。

［7］陈甬军、周末：《市场势力与规模经济的直接测度——运用新产业组织实证方法对中国钢铁产业的研究》，载《中国工业经济》2009年第11期。

［8］陈志广：《市场力量及其治理——一个交易费用的框架》，载《江苏社会科学》2005年第1期。

［9］程茂勇、赵红：《市场势力对银行效率影响分析——来自我国商业银行的经验数据》，载《数量经济与技术经济》2011年第10期。

［10］程瑶：《中国电信业竞争与合作的博弈分析》，合肥工业大学硕士学位论文，2007年。

［11］崔海燕：《互联网金融对中国居民消费的影响研究》，载《经济问题探索》2016年第1期。

［12］戴炜：《5G时代电信运营商机遇与挑战并存》，载《通信信

息报》2018年7月18日。

　　[13] 董红霞：《美国欧盟横向并购指南研究》，中国经济出版社2007年版。

　　[14] 范爱军、刘青：《论数网融合与电信业的竞争和管制》，载《产业经济评论》2006年第2期。

　　[15] 房林：《网络产业互联互通的接入定价研究——以电信业为例》，南开大学博士学位论文，2010年。

　　[16] 傅军、张颖：《反垄断与竞争政策》，北京大学出版社2004年版。

　　[17] 傅洛伊、王新兵：《移动互联网导论》（第3版），清华大学出版社2019年版。

　　[18] 何宗泽：《电信行业反垄断规制目标探讨——以宽带接入业务为视角》，载《安徽广播电视大学学报》2012年第3期。

　　[19] 胡世良等：《移动互联网：赢在下一个十年的起点》，人民邮电出版社2011年版。

　　[20] 胡世良：《电信业定义该重审了》，载《人民邮电报》2012年4月。

　　[21] 黄海丹：《无线通信技术发展与展望》，载《现代工业经济与信息化》2017年第7期。

　　[22] 冀志斌、周先平、董迪：《银行集中度与银行业稳定性——基于中国省际面板数据的分析》，载《宏观经济研究》2013年第11期。

　　[23] 姜春海：《网络产业接入定价的ECPR方法研究》，载《产业经济研究》2005年第6期。

　　[24] 姜春海：《网络产业接入定价与垂直排斥》，载《产业经济评论》2006年第6期。

　　[25] 姜春海：《网络外部性下的ECPR接入定价规则研究》，载《河北经贸大学学报》2008年第2期。

　　[26] 姜春海、于立：《网络产业单向接入定价理论研究》，载《产业经济评论》2006年第2期。

　　[27] 孔淑红：《中国电信业市场竞争格局、竞争策略及发展对策》，载《经济评论》2004年第5期。

　　[28] 李钢：《我国上市公司净资产收益率分布实证分析——以电

子通信行业为例》，载《经济学（季刊）》2005年第S1期。

[29] 李海波：《我国电信资费规制问题研究》，西南交通大学博士学位论文，2006年。

[30] 李贺男：《中国电信业市场势力及对行业绩效影响的实证研究》，吉林大学硕士学位论文，2008年。

[31] 李楠：《中国电信产业互联互通接入定价研究》，江西财经大学博士学位论文，2009年。

[32] 李青野：《浅谈移动互联网信息安全现状与对策》，载《中国新技术新产品》2018年第15期。

[33] 李荣华、柳思维：《瓶颈垄断、市场势力与我国电信网间互联规制研究》，载《当代财经》2007年第3期。

[34] 连海霞：《计量工具在横向兼并反垄断审查中的应用——以美国Staple–Office Depot合并案为例》，载《山东财政学院学报》2014年第2期。

[35] 连海霞：《有效竞争与电信业改革研究》，载《山东财政学院学报》2011年第1期。

[36] 连海霞：《有效竞争与中国电信业管制体制改革》，载《经济评论》2001年第4期。

[37] 连海霞：《中国移动通信市场势力评估与反垄断》，载《宏观经济研究》2014年第11期。

[38] 林平：《中国企业兼并的反垄断控制——经济全球化下竞争法的新发展》，社会科学文献出版社2005年版。

[39] 刘娜、郝盛、杨伟文、魏彬：《公路交通出行信息服务现状及发展趋势》，载《中国交通信息化》2018年第3期。

[40] 刘蔚：《我国网络型基础产业改革的绩效分析——以电信、电力产业威力》，载《工业技术经济》2006年第8期。

[41] 刘旭：《大部制改革背景下反垄断委员会职能完善与反垄断法实施机制改革：欧盟与德国经验之借鉴》，载《经济法论丛》2013年第1期。

[42] 刘志彪：《产业的市场势力理论及其估计方法》，载《当代财经》2002年第11期。

[43] 罗安：《微出行缓解城市交通之困》，载《中国公路》2017

年第 3 期。

　　[44] 罗永恒、曹雪平、罗四维：《并购方式对企业并购绩效影响的实证研究》，载《企业家天地》2007 年第 8 期。

　　[45] 骆品亮、林丽闽：《网络接入定价与规制改革：以电信业为例》，载《上海管理科学》2002 年第 4 期。

　　[46] 明秀南、陈俊莒：《中国电信行业市场势力与效率：基于 NEIO 方法的实证研究》，载《贵州财经大学学报》2014 年第 4 期。

　　[47] 牟春艳：《影响企业自身的市场势力的因素探析》，载《理论界》2004 年第 1 期。

　　[48] 穆丽：《影响接入价格的网络因素——基于电信产业的分析》，载《沿海企业与科技》2005 年第 4 期。

　　[49] 彭英：《我国电信价格规制的理论与实证研究》，南京航空航天大学博士学位论文，2007 年。

　　[50] 平卫英、张雨露：《健全数字经济统计核算体系》，载《中国社会科学报》2021 年 3 月 31 日。

　　[51] 芮明杰、余东华：《制度选择、规制改革与产业绩效——中印电信业的比较分析》，载《重庆大学学报》（社会科学版）2006 年第 3 期。

　　[52] 尚明：《反垄断法理论与中外案例评析》，北京大学出版社 2004 年版。

　　[53] 宋磊、鲍韵：《基于 SEM 的 C2C 移动电子商务信任模型》，载《统计与决策》2015 年第 3 期。

　　[54] 孙晋：《国际金融危机之应对与欧盟竞争政策——兼论后危机时代我国竞争政策和产业政策的冲突与协调》，载《法学评论》2011 年第 1 期。

　　[55] 唐要家：《民航市场竞争、市场势力与寡头国企利润来源》，载《国有经济评论》2012 年第 9 期。

　　[56] 汪贵浦、陈明亮：《邮电通信业市场势力测度及对行业发展影响的实证分析》，载《中国工业经济》2007 年第 1 期。

　　[57] 汪贵浦：《改革提高了垄断行业的绩效吗?》，浙江大学出版社 2005 年版。

　　[58] 王红梅：《全球电信竞争》，人民邮电出版社 2000 年版。

203

[59] 王济光：《建议打破行政区划限制，深度融合数字经济和实体经济》，澎湃新闻，2021年3月8日。

[60] 王建宙：《从1G到5G：移动通信如何改变世界》，中信出版集团2021年版。

[61] 王健、钟俊娟：《我国物流业市场结构与绩效的关系研究——基于物流上市公司数据的实证检验》，载《东南学术》2013年第3期。

[62] 王俊豪：《美国本地电话的竞争政策及其启示》，载《中国工业经济》2002年第12期。

[63] 王可山：《食品安全政府监管的困境与对策研究》，载《宏观经济研究》2012年第7期。

[64] 王明明、赵国伟：《B2C移动电子商务服务质量评价体系研究》，载《科技管理研究》2015年第3期。

[65] 王少飞、谯志、李敏、陈新海：《全息交通系统发展展望》，载《公路交通技术》2016年第6期。

[66] 王守拙：《基于经济学视角的并购效率抗辩分析》，华东政法大学硕士学位论文，2013年。

[67] 王晓晔：《王晓晔论反垄断法》，社会科学文献出版社2010年版。

[68] 王学庆：《电信产业政策和政府管制的改革》，载《通信世界》1999年第6期。

[69] 危光辉、罗文：《移动互联网概论》，机械工业出版社2014年版。

[70] 温斯顿（Whinston, Michael D.），张曼等译：《反垄断经济学前沿》，东北财经大学出版社2007年版。

[71] 吴汉洪：《竞争政策与产业政策的协调》，载《工商行政管理》2011年第18期。

[72] 吴汉洪、周炜、张晓雅：《中国竞争政策的过去、现在和未来》，载《财贸经济》2008年第11期。

[73] 吴敬琏：《供给侧结构性改革的根本是改革》，价值中国网，chinavalue.net，2016年4月25日。

[74] 肖竹：《论竞争政策与政府规制的关系与协调——以竞争法的制度构建为中心》，载《经济法学评论》2008年。

［75］殷继国：《论我国电信业不对称规制法律制度的完善——以第三次重组和三网融合为背景》，载《北京邮电大学学报》（社会科学版）2010 年第 4 期。

［76］尹一军：《互联网消费金融的创新发展研究》，载《技术经济与管理研究》2016 年第 6 期。

［77］于立、姜春海：《网络产业 Ramsey 接入定价方法》，载《系统管理学报》2007 年第 S1 期。

［78］于良春、张伟：《产业政策与竞争政策的关系与协调问题研究》，载《中国物价》2013 年第 9 期。

［79］余东华：《反垄断法实施中相关市场界定的 SNNIP 方法研究——局限性及其改进》，载《经济评论》2010 年第 1 期。

［80］余清楚、唐胜宏、张春贵：《走上国际舞台的中国移动互联网》，载《中国移动互联网发展报告：2018》，社会科学文献出版社 2018 年版。

［81］张建平：《电信市场中的市场势力问题初探》，载《西安邮电学院学报》2007 年第 4 期。

［82］张俊：《三大运营商 2020 年成绩单：5G 用户超 2.5 亿移动独大联通严峻》，载《新浪科技》2021 年第 1 期。

［83］张伟、于良春：《中国竞争政策体系的目标与设计分析》，载《财经问题研究》2010 年第 6 期。

［84］张昕竹：《从双边市场看网间结算和收费方式》，载《经济社会体制比较》2006 年第 1 期。

［85］张昕竹：《互联网骨干网互联与结算治理模式比较研究及其启示》，载《经济社会体制比较》2013 年第 3 期。

［86］张昕竹：《用电信普遍服务政策改善经济发展不平衡》，载《通信世界》2001 年第 6 期。

［87］钊楠楠：《从微信看移动互联网的发展》，载《广播电视信息》2016 年第 2 期。

［88］赵会娟：《我国电信管制绩效评价——评级指标体系及资费效应分析》，载《当代财经》2007 年第 1 期。

［89］郑世林：《市场竞争还是产权改革提高了电信业绩效》，载《世界经济》2010 年第 6 期。

［90］《中国 5G 经济报告 2020》，中国信息通信研究院（http：//www. caict. ac. cn/），2019 年 12 月 13 日。

［91］ Armentano D T. Antitrust and Monopoly：Anatomy of a Policy Failure ［J］. *San Francisco*：*Independent Institute*，1990.

［92］ Armstrong M，Cowan S and Vickers J. Regulatory Reforms：Economic Analysis and British Experience ［J］. *Cambridge*：*MIT Press*，1994.

［93］ Bain J E. Relation of Profit Rate to Industry Concentration：American Manufacturing，1936 – 1940 ［J］. *Quarterly Journal of Economics*，1951，65（3）：293 – 324.

［94］ Baker B B and Bresnahan T F. Estimating the residual demand curve facing a single firm ［J］. *International Journal of Industrial Organization*，1988，6（3）：283 – 300.

［95］ Baker B B and Bresnahan T F. The gains from merger or collusion in product-differentiated industries ［J］. *The Journal of Industrial Economics*，1985，33（6）：427 – 444.

［96］ Banker R D，Charnes A and Coope W W. Some Models for Estimating Technical and Scale Inefficiencies in Data Envelopment Analysis ［J］. *Management Science*，1984：1078 – 1092.

［97］ Baumol W J，Ordover J A and Willig R D. Parity Pricing and its Critics：A Necessary Condition for Efficiency in the Provision of Bottleneck Services to Competitors ［J］. *Yale Journal on Regulation*，1997，14：145 – 163.

［98］ Berry S and Pakes A. Automobile prices in market equilibrium ［J］. *Econometrica*，1995（63）：841 – 890.

［99］ Boiteux M. Optimal Pricing and Investment in Electricity Supply （Book Review）［J］. *Econometrica*，1971，39（a）：195.

［100］ Borenstein S，Bushnell J and Wolak F A. Measuring Market Inefficiencies in California's Restructured Wholesale Electricity Market ［J］. *American Economic Review*，2002（92）：1367 – 1405.

［101］ Bresnahan T and Duopoly F. Models with consistent conjectures ［J］. *The American Economic Review*，1981，71（5）：934 – 945.

［102］ Bresnahan T. Empirical studies of industries with market power

[J]. *Handbook of Industrial Organization*, 1989 (2): 1011 – 1057.

[103] Brock G W. *Telecommunication policy for the information age: from monopoly to competition* [M]. Mass: Harvard University Press, 1994.

[104] Buccirossi P. *Handbook of Antitrust Economics* [M]. Cambridge: The MIT Press, 2008.

[105] Caves D W, Christensen L R and Diewert W E. The Economics Theory of Index Numbers and the Measurement of Input, output, and Productivity [J]. *Econometrica*, 1982, 50 (6): 1393 – 1414.

[106] Charnes A, Cooper W and Rhodes E, A Data Envelopment Analysis Approach to Evaluation of the Program Follow through Experiment in U S [J]. *Public School Education*, 1978.

[107] Disney R, Haskel J and Heden Y. Restructuring and Productivity Growth in UK Manufacturing [J]. *Queen Mary and Westfield College. Unpublished Manuscript*, 2000.

[108] Farrell J and Shapiro C. Horizontal mergers: An equilibrium analysis [J]. *American Economic Review*, 1990, 80 (1): 107 – 126.

[109] Farrell J and Shapiro C. Scale Economies and Synergies in Horizontal Merger Analysis [J]. *Antitrust Law Journal*, 1968 (68): 685 – 710.

[110] Farrell J. The Measurement of Productive Efficiency [J]. *Journal of the Royal Statistical Society*, Socil Series, 1957, 1 (120): 253 – 290.

[111] Farrrel J, Rolf G, Shawna and KnoxLovell C A. *Production frontiers* [M]. Cambridge University Press, 1994.

[112] Goldberg P K and Knetter M M. Measuring the intensity of competition in export markets [J]. *Journal of International Economics*, 1999, 47 (1): 27 – 60.

[113] Goldberg P K. Product differentiation and oligopoly in international markets: The case of the US automobile industry [J]. *Econometrica*, 1995, 63 (4): 891 951.

[114] Grajek M. Estimating network effects and compatibility: Evidence from the Polish mobile market [J]. *Information Economics & Policy*, 2010, 22 (2): 130 – 143.

[115] Hall R E and Taylor J B. *Macroeconomics*: *Theory*, *performance*, *and policy* [M]. New York: W W Norton, 1986.

[116] Hoekman B and Holmes. *Competition Policy*, *Developing Countries and the WTO* [R]. Blackwell Publishers Ltd, 1999.

[117] Ingo Vogelsang. Price Regulation of Access to Telecommunications Networks [J]. *Journal of Economic Literature*, 2003, 41 (3): 830 – 832.

[118] Jerrrey L. Value Networks, Industry Standards, and Firm Performance in the World – Wide Mobile Communication Industries [J]. *Kobe Economic and Business Review*, 1996 (41): 101 – 132.

[119] John E K J and White J. *The Antitrust Revolution*: *Economics*, *Competition and Policy* [M]. Oxford University Press, 2004.

[120] John R S. Estimating the degree of market power in the beef packing industry [J]. *The Review of Economics And Statistics*, 1988, 70 (1): 158 – 162.

[121] Katz M and Shapiro C. Network Externalities, Competition and Compatibility [J]. *American Economics Review*, 1985 (75): 424 – 440.

[122] Kennnedy P A. *Guide to Econometrics* [M]. The MIT Press, 1998.

[123] Khemani R S and Shapiro D M. Glossary of industrial organization economics [J]. *Competition Law* [M]. OECD, 1993.

[124] Klette T J. Market power, scale economies and productivity: Estimates from a panel of establishment data [J]. *Journal of Industrial Economics*, 1999, 47 (4): 451 – 476.

[125] Laffont J J and Tirole J. *Competition in Telecommunications* [M]. The MIT Press, 2000.

[126] Laffont J J, Patrick R and Tirole J. Network Competition: I. Overview and Nondiscriminatory Pricing [J]. *The RAND Journal of Economics*, 1998, 29 (1): 1 – 37.

[127] Laffont J J. *Regulation and Development* [M]. Cambridge University Press, 2005.

[128] Lafont J J and Tirole J. Access Pricing and Competition [J].

European Economic Review, 1994, 38 (9): 1673 – 1710.

[129] Landes W M and Posner R A. Market power in antitrust cases [J]. *Harvard Law Review*, 1981, 94 (5): 937 – 996.

[130] Leibenstein H. Allocative Efficiency vs. X – Efficiency [J]. *American Economics Review*, 1966, 56 (3): 392 – 415.

[131] Levin D. Horizontal mergers: the 50% benchmark [J]. *American Economic Review* 1990, 80 (5): 1238 – 1245.

[132] Massimo and Motta. *Competition Policy: Theory and Practice* [M]. Cambridge University Press, 2004.

[133] Mirrlees J A. Optimal Tax Theory: A Synthesis [J]. *Journal of Public Economics*, 1976, 6 (4): 32.

[134] Mueller M J. *Universal service: Competition, interconnection, and monopoly in the making of the American telephone system* [J]. Cambridge, Mass: MIT Press, 1997.

[135] Ono R and Aoki K. Convergence and new regulatory frameworks [J]. *Telecommunications Policy*, 1998, 22 (10): 817 – 838.

[136] Paper G. The Convergence of the Telecommunications, Media and Information Technology Sectors, and the Implications for Regulation towards an Information Society Approach [J]. *European Commission Brussels*, 1997: 3.

[137] Paul L J, Richard Natalia S. Tsukanova and Andrei Shleifer, Competition Policy in Russia during and after Privatization, Brookings Papers on Economic Activity [J]. *Microeconomics*, 1994: 301 – 381.

[138] Perrin and Sarah. Put your money where your mobile is [J]. *Accountancy*, 2000, 125 (1282): 26 – 28.

[139] Petersen B C, Domowitz I, Hubbard R G. National Bureau of Economic Research, Business cycles and oligopoly super games: some empirical evidence on prices and margins [J]. *National Bureau of Economic Research*, 1987: 379 – 398.

[140] Phillip A B and Mark E M. Market power and the Northwest – Republic Airline merger: A residual demand approach [J]. *Southern Economic Journal*, 1992, 58 (3): 709 – 720.

[141] Pindyck R S and Rubinfeld D L. *Mikroekonomika* [M]. Moskva: *Ekonomika*, 1972.

[142] Pousttchi K, David T, Kalle L. Yvonne Hufenbach, Introduction to the Special Issue on Mobile Commerce: Mobile Commerce Research Yesterday, Today, Tomorrow – What Remains to Be Done [J]. *International Journal of Electronic Commerce*, 2015, 19 (4): 1 – 20.

[143] Ramsey F P. A contribution to the theory of taxation [J]. *Economics Journal*, 1927 (37): 47 – 61.

[144] Robert W. Architecture of Power Markets [J]. *Econometrica*, 2002, 70 (4).

[145] Rohlfs J A. Theory of Interdependent Demand for a Communications Service [J]. *The Bell Journal of Economics and Management Science*, 1974.

[146] Rudin J R and Hall R E. *Taylor and Rudin's macroeconomics, the Canadian economy (includes macro solve exercises)* [M]. New York: W W Norton, 1990.

[147] Salant S W, Switzer, Sheldon and Reynolds R J. Losses from Horizontal Merger: The Effects of an Exogenous Change in Indusry Structure on Cournot – Nash Equilibrium [J]. *Quarterly Journal of Economics*, 1983, 98 (2): 185 – 199.

[148] Solow R M. A contribution to the theory of economic growth [J]. *The Quarterly Journal of Economics*, 1956, 70 (1): 65 – 94.

[149] Thomas W R. Canadian Competition Policy: Progress and Prospects [J]. *The Canadian Journal of Economics/Revue canadienne d'Economique*, 2004, 37 (2): 243 – 268.

[150] Turner D. The Definition of Agreement Under the Sherman Act Conscious Parallelism and Refusals to Deal [J]. *Harvard Law Review*, 1962, 75: 655 – 766.

[151] Verson S. *Controlling Market Power and Price in Electricity Networks: Demand-side Bidding* [M]. Interdisciplinary center for Economic Science George Mason University, 2002.

[152] Willig R D. *The Theory of Network Access Pricing, in H. M* [M].

210

Trebing (ed) Issues in Public Utility Regulation Michigan State University Public Utility Papers, 1979.

[153] Wolak F A. Measuring Unilateral Market Power in Wholesale Electricity Markets: The California Market 1998 – 2000 [J]. *American Economic Review*, 2003, 93 (2): 425 –430.